家具設計

作者序

　　過去，我一直在任職的設計事務所裡，擔任各種與裝修廚具和裝修家具相關的職務，包括顧問、設計到現場監造等。不過剛踏進這領域時，我剛從住宅公司的設計部離職，對室內裝修的現場完全不懂，到書店找參考書，卻發現市面上根本沒有關於裝修家具設計的專門書籍。縱然有廚具規劃手冊的書，但從入門介紹起的內容同樣遍尋不著。因此當時的我，透過臨摹周邊同事所繪製的圖面（當時都是手繪圖）、或者收集建築雜誌中的小篇幅報導，學會基本的收整方式。再來也要感謝一直到現在都還給予我相當多關照的訂作家具廠商西崎工藝公司（Nishizaki Kougei Co.），他們帶領我前往木工廠、塗裝廠、以及許多施工現場參觀，讓我深切體會知識和實務間的落差。

　　1994 年成立事務所後，身為訂作廚具、裝修家具的設計者，透過與許多提出難題（在好的意義上）的建築設計者和專業營建管理人的共事過程中，不斷地發現並開發出許多用一般方式無法對應、宛如特技般的收整和加工技術，並且有機會接觸到各種平常不會使用的材料。此外，也透過與許多裝修家具業者或五金廠商、材料商、工務店等的合作中，吸收了許多有關材料‧五金或技術、工具等的最新資訊，以及各種現場施工、加工的方法（現在依然與日俱進中）。

　　本書就是將我截至 2013 年 6 月為止所習得的最新資訊收錄成冊的成果。當然，這並非裝修家具領域的全部知識，除了書中記載的想法外，應該還有其他更多的選擇和解決方案。不過可以的話，不妨將本書當做您書櫃上的個人原創操作手冊材料加以活用。

　　以今後的住宅市場來說，新建案的開工戶數將會減少，更常會遇到的是重新裝修的案件。在這種情況下要獲得業主青睞，關鍵就在於如何掌握住顧客的需求，進而加以實現。做為其中的手段之一，我認為從裝修家具下手是非常有效的。也許有些人會對裝修家具和裝修廚具心懷恐懼，但其實沒什麼好擔心的。希望各位讀者可以將這本書當做參考，更積極地面對各種挑戰。

和田浩一

2013 年 6 月吉日

　　《圖解家具設計》與一般家具設計書籍不同，作者從室內設計的角度出發，藉由闡述各個階段工作，帶出家具設計的重要性，並藉由圖解，讓讀者能簡易地理解專業術語，全書深入淺出，不僅對專業者有極高的參考性，對於一般讀者也是一本值得一讀的好書。

李元榮

亞洲大學室內設計系　系主任

　　日本人向來以思考縝密與工作細膩見長，《圖解家具設計》更是直接體現此特長的一本工具書，裡面鉅細靡遺地針對訂製櫥櫃家具的需求，從溝通、提案、設計、繪圖到產出，所有細節一一詳述，作者專業、認真、負責的態度令人佩服！對於台灣設計師來說，不啻為一本值得擁有的工具書。

趙東洲

中華民國室內裝修專業技術人員學會　理事長

以往國人對室內裝修家具，僅依業主口頭講述或憑工匠多年的經驗，即從事相關工程，無較正確的施工步驟做為規範；《圖解家具設計》內容深入淺出地介紹室內裝修家具從規劃、選材、塗料、五金、構造到施工等各個面向的細節與過程，完成具設計感與實用性的家具，對於室內設計實務工作者及學習者具有重要的參考價值。本人強力推薦本書。

劉時泳

台灣室內空間設計學會　理事長

　　室內家具設計包括放置家具（如桌、椅、沙發等腳家具）與木工家具（如固定於牆面與地板處斗櫃的箱家具）；其設計與製程的嚴謹與否攸關室內設計成功的關鍵，目前坊間有關室內家具設計的相關參考書籍付之闕如。《圖解家具設計》的作者為日本執業設計師和田浩一，集其多年實務經驗，深入淺出地介紹室內家具從規畫流程、構造與製作、材料與塗料、家具五金、設計與細部到施工等各種過程及應注意事項，可提供一個良好的操作經驗，進而創造出更佳的室內空間環境品質，相當值得推薦給室內家具設計的實務從業者。

蕭家孟

國立台中科技大學室內設計學系　系主任

Chapter 1

装修家具的規劃流程

Chapter 2

装修家具的結構與製作

Chapter 3

裝修家具的材料與塗料

目
錄

目
錄

Chapter 1
裝修家具的規劃流程

什麼是裝修家具

適時地選用可動家具和裝修家具。

將裝修家具視為空間的一部分。

裝修家具的定義

「家具」，一般來說多半是指在家具店，或者在生活、居家百貨等店面裡陳列販賣的既製品家具。這些家具僅僅是被買來放在要用的地方，所以也可稱之為「放置家具」。而在建築裡加工，然後固定於牆面、地板或天花板的則被區分為「木工家具」。

另一方面，針對業主或設計者的要求，在尺寸、完成面做法、個人使用習慣等地方進行調整的，則可稱為「訂作家具」。

這些「訂作家具」有的只是由家具廠商根據需求小修尺寸或顏色的半訂作品，也有由專業訂作家具公司從材料、大小、使用方式等方面從頭到尾重新檢討製作出來，再由木工師傅在建築現場將材料加工完成的成品。雖說「訂作家具」、「木工家具」、「裝修家具」這些稱呼都有人使用，並且依不同場合會有使用上的分別，但因為沒有很明確的區分，本書就統稱為「裝修家具」【照片】。

腳家具和箱家具

家具又可以分成像椅子、桌子、沙發等被稱為「腳家具」，或是斗櫃等這類由板材所構成的「箱家具」。腳家具遠比箱家具有更多的選擇，特別是像椅子，如果只做單張的話成本會很高，所以多半都會選用既製品。另一方面，箱家具因為在個人的使用習慣或偏好上差異性頗大，而且一方面必須在牆壁間、天花板與地板間無縫設置，一方面還要注意材料的搭配性，在家具與整體空間關係上需講究的事項相當多，因此不少人會採用裝修方式來處理。

照片 | 各式各樣的裝修家具

裝修家具有腳家具、可變家具、壁面固定收納、收納隔間牆、入壁收納、設備收納、陳列架、裝修廚具等。

❷ 壁面固定收納

❶ 腳家具

❸ 可變家具

❹ 整合照明的收納與桌子

❺ 收納隔間牆

❻ 入壁收納

❼ 設備收納

❽ 陳列架

❾ 裝修廚房

設計：STUDIO KAZ　攝影：坂本阡弘（❶）、STUDIO KAZ（❷❹❻❼❽）、山本まりこ（❸❺❾）

002
規劃流程

 POINT

- 認識裝修家具的設計流程。
- 理解各工程所必要的東西。

① 整理、掌握設計條件

意見聽取、現場丈量、搬運計畫、拍照和攝影

② 概念草圖

想像家具的外形、材質、顏色、細部收整、活動方式、五金等

以1/20或1/30的縮圖比例將收納、抽屜等淨尺寸圖面化

③ 平面圖

委託廠商提供樣品

④ 概算估價

利用圖面、透視圖、模型、完成樣品、材料樣品來簡報

⑤ 簡報

圖｜裝修家具的工程順序

廚房翻修的草圖。不只廚房本身，也要把廚房周邊空間的樣子也畫進去。

簡報時也要備好樣品。

用樣品來確認纖維類商品的觸感。

⑫ **維護** ← 狀態不良時的對應和年度檢修等

⑪ **移交**

移交的情形。機器說明、保固範圍、維護方法等也要說明。

移交時要進行使用說明與機器說明

⑩ **現場安裝** ← 現場監造

在裝修家具上和設計者有關的事項

①～⑤聽取業主的期望並掌握現場狀況，然後以這些為基礎讓構想漸漸成形。將預算記在心裡，想像材質、外形、五金等的同時將平面圖畫出來。若已經決定了工班或家具製造廠的話，這裡也可以直接請廠商進行估價。若是手邊沒有的樣品，也請對方一併提供。

⑥～⑧簡報獲得業主的認可，並在變更修改等和金額上都達成協議後，就可以著手畫施工圖。如果是合作過的廠商，因為對他們的能力和施工程序都有一定的了解，所以大致上不會有問題；但若是初次合作的廠商，一邊討論一邊畫施工圖的做法會比較好。在施工圖上詳記淨尺寸和與建築間的細部收整關係，並得到業主（以及設計者等）的簽核後，就可發包給家具廠商製作。

⑨～⑫發包前要全盤檢討，因為這些家具製作的流程會因業主或設計者、工事種類的不同，而在進行方式和速度上有所差異。不要錯失各項檢查確認的時機，務必要在不影響工程進行下完成⑨～⑫的程序。順利移交業主後，也要實施年度的檢修和維護。

現場塗裝的樣子。

⑨ **施作** ← 製作管理、工廠討論、塗裝上色現場監造、交件前製品查驗

工廠的作業風景。

⑧ **簽核** ← 向業主或設計者等取得圖面的簽可

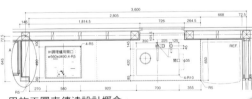
用施工圖來傳達設計概念。

⑦ **施工圖** ← 製作1/10、1/2或1/1縮圖比例的詳細圖面

⑥ **正式報價**

確認估價單也是重要工作。

攝影：STUDIO KAZ　攝影協助：株式会社クレド

003
意見聽取及現場調查

多角度分析受委託的內容。

將現場的全部資訊都記錄下來。

成功的祕訣在於統整賦予的條件

從接受委託開始，裝修家具要歷經許多的階段才會移交給業主。

接受委託後首先要做的，就是聽取意見和現場調查。透過聽取意見可以掌握業主的期望，不僅要確認業主的使用偏好和要收納的東西等，連業主的生活型態和個人興趣、嗜好也希望能夠有所了解。也就是說，即使是和目標家具的使用偏好及期望沒有直接關係的內容也很重要。周邊資訊愈多就愈容易正確想像，從而做出符合業主期望的成品。

不要忘了掌握周邊資訊

接下來要掌握現場的狀況【圖1】。量測裝設家具位置的尺寸和角度，把「牆壁不是垂直的」這件事牢記在心，謹慎地測量前後段縱深，地板和天花板附近及兩者中間等處。再者，遇到非直角的角度、或是非圓形的狀況時，要用薄板將原寸取樣，而且最好能有家具廠商同行。其他像門（門把）或窗、框、踢腳板、照明、空調、火災警報器、插座、開關、換氣口等周邊狀況，也希望能一併確認。同時也要確認搬運動線【圖2、3】，搬運動線和家具的製作方法及成本有很大的關係，必須特別留意。

當案件不是新建案時，能夠鉅細靡遺地將眼前的狀況掌握住是最好的。不過，若是新建案或改建案，因為未來的施工現場還沒完成，所以必須和設計者或現場工務負責人確認前文所述的周邊狀況，盡可能做到沒有遺漏。現場調查時若有拍照和錄影，之後要檢討細部收整方式時會很方便。筆者特別建議要錄影，那樣可以清楚地呈現出各種相互關係，減少遺漏的事項。

圖1 | 現場確認的重點

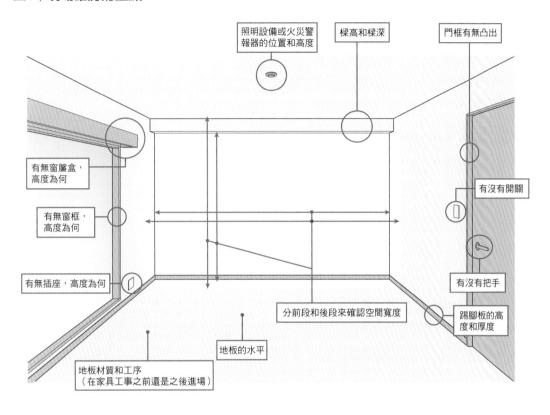

照明設備或火災警報器的位置和高度

樑高和樑深

門框有無凸出

有無窗簾盒，高度為何

有沒有開關

有無窗框，高度為何

有無插座，高度為何

有沒有把手

分前段和後段來確認空間寬度

踢腳板的高度和厚度

地板的水平

地板材質和工序
（在家具工事之前還是之後進場）

圖2 | 搬運動線的確認

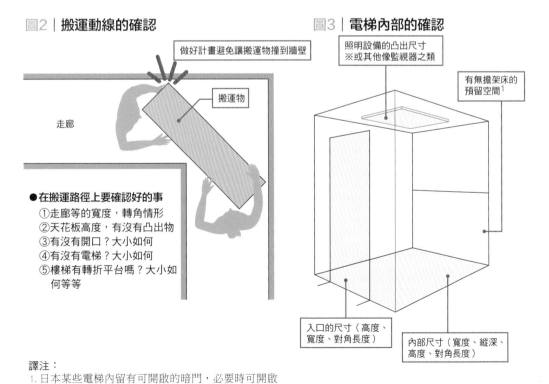

做好計畫避免讓搬運物撞到牆壁

搬運物

走廊

● 在搬運路徑上要確認好的事
①走廊等的寬度，轉角情形
②天花板高度，有沒有凸出物
③有沒有開口？大小如何
④有沒有電梯？大小如何
⑤樓梯有轉折平台嗎？大小如何等等

圖3 | 電梯內部的確認

照明設備的凸出尺寸
※或其他像監視器之類

有無擔架床的預留空間1

入口的尺寸（高度、寬度、對角長度）

內部尺寸（寬度、縱深、高度、對角長度）

譯注：
1.日本某些電梯內留有可開啟的暗門，必要時可開啟使擔架床可進入，故裝修時須留意不要封死。

004

平面圖的畫法

POINT

- 利用平面圖掌握整體。
- 不僅是家具，建築物的工法、樣式等也要畫進去。

要畫到什麼程度呢？

和業主提案時，最好能提供 1/20 或 1/30 縮圖比例的平面圖對照著看【圖】。對業主來說，與其看多張大比例縮圖，還不如一張可涵蓋全體的圖面會更好理解。像門片間的分割縫要做 3mm 還是 4mm 這種事情其實都是設計者自己的偏好，對業主的使用便利性來說幾乎沒影響。反倒是好好地把整體意象傳達到，將家具與周遭的關係（比如說通道的寬度或與壁、框間的關係等）都呈現出來的話，業主就可以自己想像如何使用。

在平面圖裡要把必要的材質、顏色、完成面加工、部件、五金品牌、編號等都注記上去。然後將一部分的收整細節記載清楚，以便檢討家具與建築物的關係。抽屜內部的淨尺寸或層板的大小、層板托的排列間距等也要標示好。再者，連木紋的種類（直紋還是山紋）和方向最好也都描述清楚。以上這些不但都和家具以外的室內設計相關，也會影響估價，若做好明確注記，就可以和業主更順利地討論方案，也能減少將來的糾紛。

平面圖在施工階段也很好用

平面圖不只是和業主討論時需要使用，也是提出估價書時，或者和家具製造商討論時會使用到的資料，所以應該盡可能將更多的設計資訊放進去。在施工時，也常會將平面圖貼在不影響工程進行的牆面上當做作業參考。利用平面圖掌握住整體意象，再確認細部調整或收整方式製成施工圖（參照第 23~24 頁圖），以此檢查施工，推動現場作業。現場施工並沒有系統家具固定的收整方式和模組，因此每次都要和全部有關人員一邊確認一邊推動作業。

圖 | **平面圖的範例** ※ 實際場合，全體圖以 1/20 或 1/30 縮圖比例、細部圖以 1/2 繪製。

平面圖 〔1：70（原圖1：20）〕

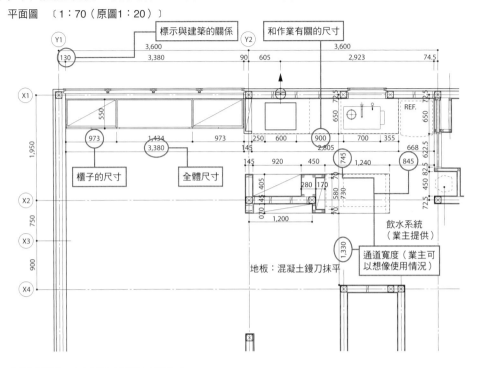

標示與建築的關係　和作業有關的尺寸

櫃子的尺寸　全體尺寸　飲水系統（業主提供）

地板：混凝土鏝刀抹平　通道寬度（業主可以想像使用情況）

立面展開圖 〔1：70（原圖1：20）〕

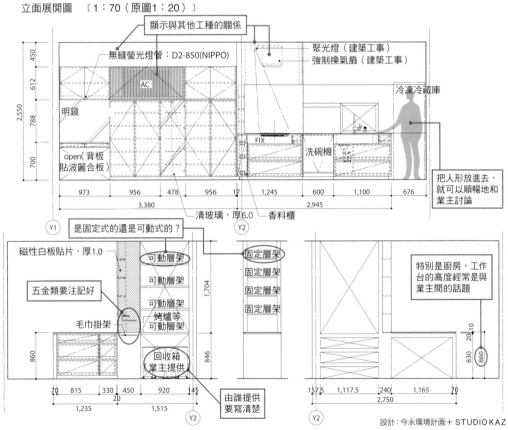

顯示與其他工種的關係

無縫螢光燈管：D2-850(NIPPO)　聚光燈（建築工事）　強制換氣扇（建築工事）

明鏡　冷凍冷藏庫

open(背板貼波麗合板)　FIX　洗碗機　把人形放進去，就可以順暢地和業主討論

清玻璃，厚6.0　香料櫃

磁性白板貼片，厚1.0　是固定式的還是可動式的？

可動層架　固定層架

五金類要注記好　可動層架　固定層架

毛巾掛架　可動層架　固定層架

烤爐等可動層架　固定層架

回收箱業主提供　由誰提供要寫清楚

特別是廚房，工作台的高度經常是與業主間的話題

設計：今永環境計画＋STUDIO KAZ

005
簡報

POINT

- 盡可能準備好實物樣本。
- CG 圖或模型要連裝設空間都包含進去。

簡報時要準備的東西

進行裝修家具的簡報時，首要必須準備的東西【照片1】便是圖面（平面圖）。在圖面上加上顏色可以增加業主對設計的理解度，即使不是精確的顏色也不要緊，只要大致上顏色都能搭配得起來，圖面就會變得很容易理解。

其次，也要準備材質或顏色等的實物樣品【照片2】。例如家具表面若採用木貼皮時，就得準備好實際使用的樣本，因為即使是同一樹種，不同部位所產生的木紋都不一樣，呈現出的表情也會有變化；門片的塗裝樣品盡量不要只是提供單片板材的狀態，最好準備到已經加工到門片的樣品。這樣一來，才能讓人透過樣品讀取到豐富的資訊，比如說像切口貼覆材的貼法或手孔的形狀、倒角等。

在廚房等地方會組裝像是香料櫃或籃子之類的既製品配件、或者需要使用特殊活動五金時，最好也能準備好型錄的影本做說明。再者，要組裝洗烘碗機、烤爐、加熱器、照明器具、音響等設備時，除了型錄之外，建議也可以帶業主去展示間，現場看過實物【照片3】。

用 CG 圖或模型來做簡報

不可否認，用 CG 圖（電腦繪圖）或比例模型來做家具產品的簡報感覺是有點太過頭了，但對業主來說，卻會因此很容易理解設計，反倒是非常理想的做法。因為現在大部分的設計都是透過 CAD（電腦補助設計）來繪製，也比較容易轉成透視圖，請務必多加利用。當然，只是畫出單件家具的透視圖沒什麼意義，還要把家具周邊搭配的色彩和材質、以及大小和位置關係等都包括進去。簡報資料要做到什麼程度，必須依業主的理解情況、以及預定在 CG 圖或模型上花多少費用和時間來考量。

照片1 | 簡報的範例

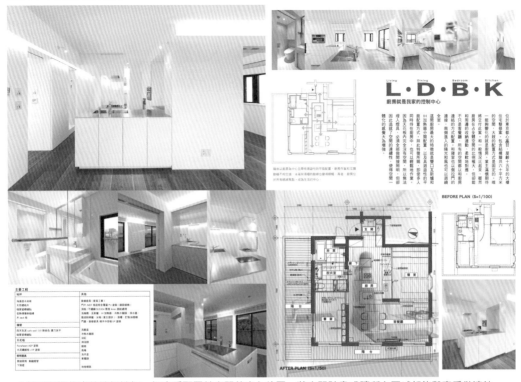

大樓重新裝修案的簡報裱板。把廚房配置於空間的中心位置，將空間計畫成讓所有區域都能與廚房做連結。

製版：STUDIO KAZ

照片2 | 門片樣本

塗裝樣本要委託製作到門片完成品的狀態。切口的貼皮方式及塗裝的技術在板材的端部都會顯現出來。

照片3 | 模擬照明計畫

為了能從美容院的鏡子中讓照明透出來照亮臉部，因此先在照明廠商的展示間進行模擬試驗。

攝影：STUDIO KAZ（照片2・3）

006
施工圖的繪製方法①

POINT

- **明確指出設計者的意圖。**
- **不管圖畫得多詳細,和工班師傅的討論都是必須的。**

把設計意圖表現在圖面裡

繪製施工圖【圖、第 24 頁圖】的最大目的,在於和木工廠的師傅對話。雖然一般習慣上是由家具製造商繪製圖面,再讓空間設計者確認。但如果是由設計者親自畫圖面,就能更精準地將設計意圖傳達給師傅。即使設計者實際上不自己畫,也要重點地確認自己的意圖是否有被客觀充分地表達出來。因為光是一個倒角就可以給家具帶來全然不同的印象,務必謹慎地檢查。

施工圖基本上是以 1/10 縮圖比例製作的。對於各部位或板材的結構(例如是中空合板還是實木板、必要的話需指示出中心的位置等)、部材的組合方法、門片彼此的間隙、把手、握把的位置與手孔大小、櫃體的尺寸和分割位置、材質的使用方式等都要仔細描繪,有意識地將設計意圖表現出來。另外,也會透過 1/1 或 1/2、1/5 比例縮小的詳細圖,將其他像門片和門片、門片和櫃體、台面和門片以及櫃體、地板・牆面・天花板和家具等不同部位之間的相互「關係」表現出來。

交貨檢查

即使將施工圖畫到這樣的程度,身為一個設計者,和家具製造商及木工廠師傅間的討論仍是不可省略的。透過直接對話,可以將圖面中無法表現的細節,或木貼皮、材料的使用方法、倒角等的細微差異傳達給對方。

除了事前討論,也要盡可能對塗裝廠的上色進行監工,以及對木工廠進行出貨前的勘驗。這些檢驗工作可以避免因製作或塗裝的錯誤、不完整,造成現場施工的延誤或糾紛。

圖│**廚房施工圖的範例**　※ 實際場合應繪製 1/10 的圖面，細部圖要畫 1/2 或 1/1

立面圖　［S=1：30（原圖：S=1：10）］

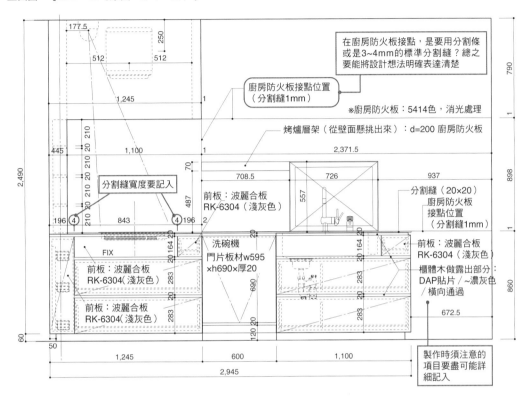

在廚房防火板接點，是要用分割條或是 3~4mm 的標準分割縫？總之要能將設計想法明確表達清楚

廚房防火板接點位置（分割縫 1mm）

※廚房防火板：5414 色，消光處理

烤爐層架（從壁面懸挑出來）：d=200 廚房防火板

前板：波麗合板 RK-6304（淺灰色）

分割縫（20×20）廚房防火板接點位置（分割縫 1mm）

前板：波麗合板 RK-6304（淺灰色）

櫃體木做露出部分：DAP 貼片／~濃灰色／橫向通過

分割縫寬度要記入

FIX

前板：波麗合板 RK-6304（淺灰色）

前板：波麗合板 RK-6304（淺灰色）

洗碗機門片板材 w595 ×h690×厚20

製作時須注意的項目要盡可能詳細記入

平面圖　［S=1：30（原圖：S=1：10）］

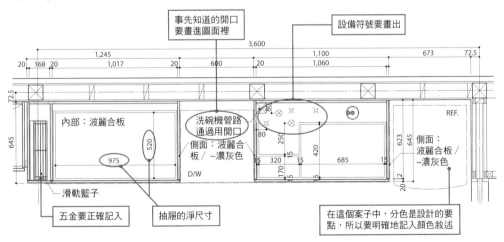

事先知道的開口要畫進圖面裡

設備符號要畫出

內部：波麗合板

REF.

洗碗機管路通過用開口
側面：波麗合板／~濃灰色

側面：波麗合板／~濃灰色

D/W

滑軌籃子

五金要正確記入

抽屜的淨尺寸

在這個案子中，分色是設計的要點，所以要明確地記入顏色敘述

設計：今永環境計画＋STUDIO KAZ

規劃流程

1

2

3

4

5

6

23

施工圖的繪製方法②

POINT

- 每個加工業種都要繪圖。
- 把部件和五金正確地畫進去。

圖｜廚房施工圖的範例 ※ 實際上整體圖用 1/10，詳圖用 1/2 或 1/1 縮圖比例繪製

頂板詳圖〔S=1：30（原圖S=1：10）〕

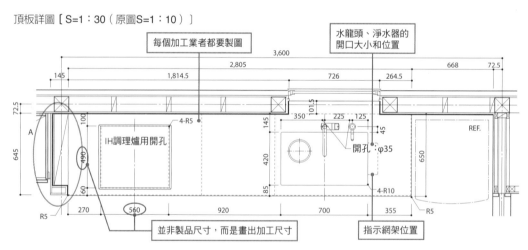

每個加工業者都要製圖

水龍頭、淨水器的開口大小和位置

IH調理爐用開孔

開孔：φ35

REF.

並非製品尺寸，而是畫出加工尺寸

指示網架位置

和建築物的關係（A部分詳圖）〔S=1：6（原圖S=1：2）〕

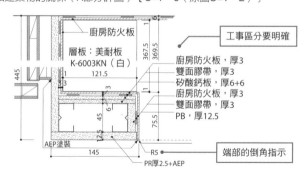

廚房防火板

層板：美耐板
K-6003KN（白）

工事區分要明確

廚房防火板，厚3
雙面膠帶，厚3
矽酸鈣板，厚6+6
廚房防火板，厚3
雙面膠帶，厚3
PB，厚12.5

AEP塗裝

端部的倒角指示

PR厚2.5+AEP

設計：今永環境計画＋STUDIO KAZ

收納剖面圖［S=1：20（原圖：S=1：10）］　　剖面詳圖［S=1：4（原圖：S=1：2）］

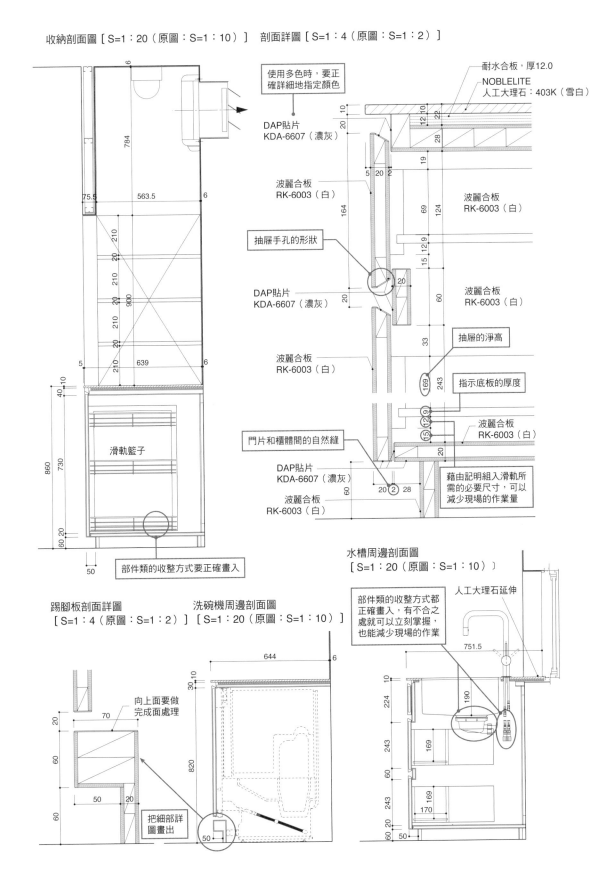

使用多色時，要正
確詳細地指定顏色

DAP貼片
KDA-6607（濃灰）

耐水合板，厚12.0

NOBLELITE
人工大理石：403K（雪白）

波麗合板
RK-6003（白）

抽屜手孔的形狀

DAP貼片
KDA-6607（濃灰）

波麗合板
RK-6003（白）

波麗合板
RK-6003（白）

波麗合板
RK-6003（白）

抽屜的淨高

指示底板的厚度

波麗合板
RK-6003（白）

門片和櫃體間的自然縫

DAP貼片
KDA-6607（濃灰）

波麗合板
RK-6003（白）

藉由記明組入滑軌所
需的必要尺寸，可以
減少現場的作業量

滑軌籃子

部件類的收整方式要正確畫入

水槽周邊剖面圖
［S=1：20（原圖：S=1：10）］

踢腳板剖面詳圖　　　　洗碗機周邊剖面圖
［S=1：4（原圖：S=1：2）］　［S=1：20（原圖：S=1：10）］

部件類的收整方式都
正確畫入，有不合之
處就可以立刻掌握，
也能減少現場的作業

人工大理石延伸

向上面要做
完成面處理

把細部詳
圖畫出

008
移交及維護

- 設計檢查必須以業主的視角來做。
- 移交後的維護等項目也要做說明。

移交前的設計檢查

物件移交給業主前要通過許多次的檢查,其中一項就是設計檢查【表】。因為在之前已經透過工廠檢驗和現場裝設檢驗來確認是否有按圖施作及安置,因此,設計檢查的重點在於機能部分,比如說門片或抽屜的開閉、門弓器的活動等【照片3】。有內建設備機器的時候,也要現場試運轉看看。

裝修家具並不是將本體做好就結束了,還需在現場配合地板、牆面、天花板的裝修做裝設。依裝修或收整方式的不同,也常有在現場設置完家具後,才做完成面處理的情形。因此,檢查項目不僅只是家具本體,和周邊的關係也必須確認。特別是不同工種間的連接處更要留意,有很多原因會造成縫隙或是完成面髒污,務必把門片和抽屜打開來檢查。有時也會發生家具裝設後才沾到塗料或損傷的情形,務必要從各種不同的角度來檢視。

從移交到保固維護

移交時務必進行使用說明。設備機器的使用方法除了說明書上記載的內容之外,也要留意說明從經驗上得來的使用禁忌或使用方法等。其他像門片跟抽屜的開閉和拆卸方式、日常的維護方法等,也要加以說明【照片1、2】。

物件並非移交完成就結束了,一般都會實施「年度檢修」。但是在那之前,大約在移交後 1~2 個月時,就要和業主再確認一次物件使用上是否有不順的狀況。例如像門片錯開而產生的不順暢等,要考量到這對一般人來說很難自行調整,最好還是讓家具業者來維護。

圖│移交前後的檢查順序

設計檢查（設計者）

（檢查項目）
・塗裝的顏色和光澤
・塗裝有無傷痕
・表面的髒汙
・門片的動作（有無撞到壁面）
・門片有無翹曲、傾斜、縫隙過大
・抽屜的動作
・五金的動作、重量
・周邊的收整方式

業主檢查（業主、設計者）

・設計檢查時的不良處是否已修正
・業主的檢查

移交時

・業主檢查時的不良處是否已修正
（有不良時應修正）

・提交說明書資料夾
・提交維護清單

年度檢修

・表面傷痕
・門片的翹曲
・抽屜的動作，五金的動作
（有不良時應修正）

照片1│移交的情形

將使用說明書和機器類的保證書集中裝在透明檔案夾中。謹慎地說明機器的使用方法、維護方法等。

照片2│使用說明檔案夾

移交時，將機器附的使用說明書及保證書集中裝在一個檔案夾中，再交給業主。

照片3│機器說明

設備機器的使用方法在還沒習慣前是相當困難的。比起長時間詳細地說明，強調使用重點和絕對禁止事項的方式會讓業主更容易理解。

攝影：STUDIO KAZ（照片1〜3）

009
尺寸計畫①～人體工學

POINT

- 從身體尺寸出發，配合設計目的來決定大小。
- 依收納物品來區分高度。

出自身體尺寸的設計發想

家具是日常生活中和人的身體直接接觸的東西。也因此，家具的尺寸和細部設計會大大地左右空間的印象。無論是平面上的大小對於動線、垂直方向的大小和位置對於人的活動，都會產生很大的影響。

再者，各部材的尺寸是決定家具印象的重要因素，進一步來說也決定了空間的性格。由此可知，家具的尺寸一定要嚴密地計畫。

設計時要將空間的整體感放在腦海中，不只是寬度、天花板高度、縱深，而是連門片或抽屜的大小和比例都要意識到。

比如說，用橫向寬但縱深淺的抽屜來構成時，會強調它的水平方向以增加安定感。這時候，也可以採用橫向的木紋、進一步強調橫寬感的手法。再者，門片的大小不只是對使用手感有影響，也和家具五金的選擇及耐用度有關。若高於眼睛視線位置的門片寬度較寬時，每次開閉時身體就必須退讓，會讓使用感變得很差；反過來說，分割成小門片的話又會產生很瑣碎的印象。因此，這些都必須謹慎地計畫。

掌握適用的高度

談到收納，首先要依收納物的使用頻率來決定收納位置的高度【圖1】，然後再依收納物的大小、形狀、數量，來決定收納空間的寬度、高度、深度或縱深【圖2】。

不過，太過於細分收納物並嚴格規定收納場所的話，反而會喪失使用上的自由度，也無法彈性因應未來物品和生活型態的變化，所以也不推薦。

最好的情況是，能順應著業主的性格等，將收納適度地做分類、整理、配置。

圖1 ┃ 配合使用上的便利性做高度計畫

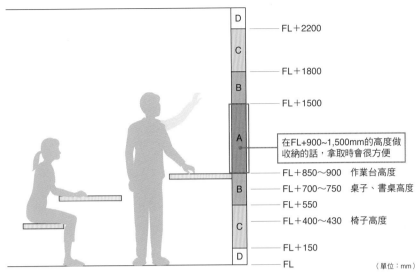

FL＋2200
FL＋1800
FL＋1500

在FL＋900~1,500mm的高度做收納的話，拿取時會很方便

FL＋850～900　作業台高度
FL＋700～750　桌子、書桌高度
FL＋550
FL＋400～430　椅子高度
FL＋150
FL

（單位：mm）

※以A>B>C>D的順序，將收納櫃按照使用頻率的高低配置在適當高度
※使用上的便利性因人而異

圖2 ┃ 家具的高度和印象

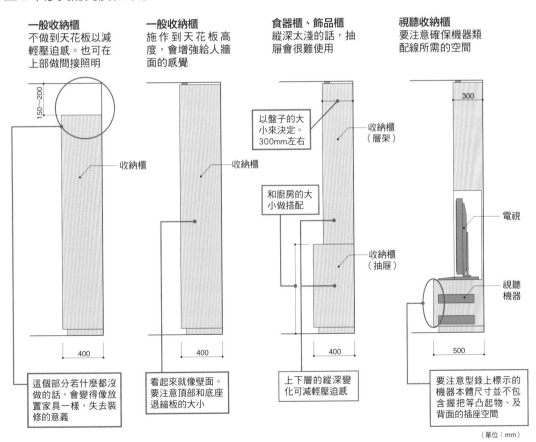

一般收納櫃
不做到天花板以減輕壓迫感。也可在上部做間接照明

一般收納櫃
施作到天花板高度，會增強給人牆面的感覺

食器櫃、飾品櫃
縱深太淺的話，抽屜會很難使用

視聽收納櫃
要注意確保機器類配線所需的空間

150~200

收納櫃

收納櫃

以盤子的大小來決定。300mm左右

收納櫃（層架）

300

和廚房的大小做搭配

收納櫃（抽屜）

電視

視聽機器

400

400

400

500

這個部分若什麼都沒做的話，會變得像放置家具一樣，失去裝修的意義

看起來就像壁面。要注意頂部和底座退縮板的大小

上下層的縱深變化可減輕壓迫感

要注意型錄上標示的機器本體尺寸並不包含握把等凸起物、及背面的插座空間

（單位：mm）

010
尺寸計畫②～與物品、空間的關係

POINT

- 從物品的大小來決定收納家具的大小。
- 利用建築結構清爽地將家具整合起來。

從收納物發想

因為生活中有收拾物品的需求，所以必須有收納的空間。也就是說，在大多數的時候，收納家具是由收納物來決定的。

舉例來說，書本的大小大致上都是固定的【圖1】，因此書架若能考慮書本的數量和重量來計畫，就會符合需求。又比如說衣服，即使多少有體型上的差異，但只要依褲子、裙子、長外套、連身洋裝、短外套、夾克、襯衫來分類的話，除非是特殊情況，不然都可以含括進去。在玄關處的收納也是，依鞋子、長靴、雨傘等的分類，大致上就可以決定收納的尺寸。廚房餐具也是相同的情況。

問題在於，該如何把這些從內容（收納物）出發的發想（企劃）和設計融合在一起？比如說在客廳、餐廳、廚房裡常會有連續性的收納空間，因而不得不將餐具和酒類、視聽機器、書本、CD、DVD、棉被等安置到整體的收納家具裡【圖2】。

若想使空間清爽，最好是讓門片全部整整齊齊地做成統一的樣式，但使用時總是會在某個地方產生矛盾；反過來說，若完全依照收納物的尺寸來決定門片大小的話，雖然不會浪費空間，但整體的一致感也沒有了。另外，就像電視從映像管演變到液晶這類的變化，收納家具如果沒有考量到日後更換、購買新機器的情況，現有的設計就可能陷入無法因應變化的窘境。

也可利用建築物

櫃體的前板（門片部分）可以做成一致的話，室內空間就會感覺清爽。並列縱深不同的收納家具時，若單單考量家具本體的話，就只能以縱深最大的家具為基準使前板齊平；但若能再多花些心思將家具的一部分嵌入牆壁中，便可以在不浪費空間的情況下達到相同效果。希望設計時都能像這樣不只是思考家具本體，連建築物都要考量進去【圖3】。

圖1 ｜ 尺寸別的書本種類

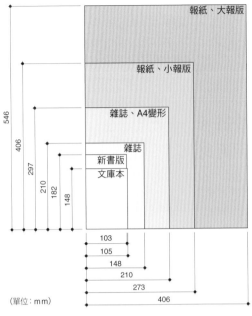

（單位：mm）

書的尺寸（版型）和書的種類

版型	尺寸（mm）	書的種類
B4	257×364	大開本畫冊、畫誌等
A4	210×297	寫真集、美術全集等
B5	182×257	週刊、一般雜誌等
A5	148×210	學術書、文藝雜誌、綜合雜誌、教科書等
B6	128×182	單行本
A6	105×148	文庫本
菊版	150×220	單行本等
四六版	127×188	單行本等
AB版	210×257	大開本雜誌等
小B6版	112×174	精簡版、電子書版
三五版	84×148	摺疊地圖
新書版	103×182	新書、漫畫單行本等
重箱版	182×206	
小報版	273×406	晚報等
大報版	406×546	報紙

圖2 ｜ 收納物的大小

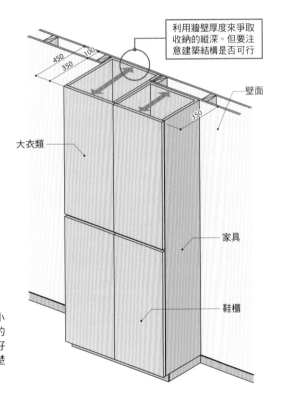

清楚收納物的大小是設計收納家具的第一步。需要好好地和業主討論清楚要收納什麼。

（單位：mm）

圖3 ｜ 利用建築調整縱深（玄關收納時）

011
素材的選擇方法①

POINT

區分清楚各使用部位所需的素材性能。
了解素材的特性，適材適所地選用素材。

木料、聚合物、石材的特性

家具中使用的素材大致可分為木料、聚合物、石材、玻璃和金屬五類。必須正確地理解這些素材各自的特性，並適材適所地選用【表】。

使用木料時，首先最重要的是了解各樹種的特徵。在這個基礎之上，再思考實木板、合板貼皮、實木拼板、各種工程合板等的特徵和完成面的處理方法。

聚合物的材料可以依照特徵再做細分。在廚房、廁所等用水區域空間裡常採用的人工大理石也是壓克力系的聚合物。其他被用在門片、櫃頂面板、櫃體的還有美耐板、PVC薄片、乙烯布、透光材等。壓克力、聚碳酸酯等則依使用位置和目的，有許多種類可供選用。

石材類裡則有火成岩（花崗石、安山岩）、層積岩（板岩、砂岩、凝灰岩）、變質岩（大理石、蛇紋岩）、人造石（人造大理石、石英系人造大理石）等。即使是同種類的石材，也會因產地而有不同的特徵，並透過不同的加工方法（光面、水沖面、燒面處理等）呈現出繽紛的表情。

玻璃、金屬類的特性

使用在家具上的玻璃幾乎都是板玻璃，例如清玻璃、半透明玻璃、強化玻璃、熱反射玻璃、超白玻璃、膠合玻璃等。此外，在玻璃的背面鍍上銀膜或金膜，並施以保護塗裝後，就會變成鏡子。

金屬類的代表性素材則有鋼、鋁、不鏽鋼、黃銅、銅板、鉛等。一般是將板狀或柱狀的金屬原料加工成形、再施以各式各樣的表面處理後，做為家具的表面材或結構材使用。

表 | 了解各部位適合的材料

適合不同部位的材料

	材料	頂板 1	頂板 2	門片	內部	備註
木	實木板	○	△	○	△	在用水區域使用時要做防潑濺等處理，也要做日常的維護
	集成材	○	△	○	○	
	夾層板	○	×	○	○	依樹種和塗裝會呈現全然不同的風貌
	實木積層板	○	△	○	○	呈現出實木板一般的氛圍
塑膠	壓克力	△	△	○	○	注意刮傷問題
	美耐板	○	○	○	○	在用水區域使用時要注意防水處理
	波麗合板	×	×	○	○	不耐磨，在水平面不適用
	PVC薄片	△	×	○	○	要注意接縫的接合方式
	乙烯布	×	×	○	○	不要求耐磨性的話，性價比很高
	聚碳酸酯	△	△	○	○	在住宅中，可用於採光的門扇上
	人工大理石	○	○	△	△	主要為廚房使用
金屬	不鏽鋼	○	○	○	○	最適合廚房的材料
	鋼	○	△	○	○	受限於塗裝的完成面處理方式
	鋁	○	△	○	○	材質相對較軟，易碰傷
石材	花崗石	○	○	△	△	相對地較不易吸水
	大理石	○	△	△	△	在廚房使用時必須說明其抗酸性弱
	石灰石	○	×	△	△	吸水率高，不適合使用在用水區域

注　頂板1指一般家具，頂板2指用水區域家具
圖例　○：可以使用　　△：有前提地使用　　×：不可使用

使用石材時要注意板材（將石材做板狀切割而成）的大小。以2~2.5m×1~1.5m的大小來說，通常會切割成每片厚約25~60mm的板材

先理解各家具部位（頂板或門片、內部等）適合的材料。除了掌握素材的特性外，也可以向業主更清楚地說明使用方式。

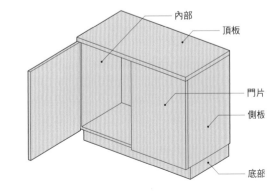

內部
頂板
門片
側板
底部

素材的選擇方法②

- 了解各素材帶有的印象和性能。
- 也有從成本、工程、交件日期來考量素材的方式。

從需求的性能來選擇素材

如同前篇所提到的，在裝修家具中會使用各式各樣的素材。完全沒有「什麼樣的家具就一定要用什麼素材」這種強制規定。不過，也必須清楚認識到家具的各個部位被要求的性能是不一樣的。

一般來說，台面和層板這類的水平面會對耐磨性和硬度有所要求，但只要比較一下廚房和書桌、書架就可以發現，作業用的台面和只是放東西的板面，所需求的硬度並不相同。再來，在用水區域等地方，除了耐磨性能之外，也必須具備耐水性，因而能採用的選項又更少了。除了素材自身的性能之外，也必須謹慎選擇塗裝等完成面的處理方式【圖】。

依素材賦予的印象來選擇

選擇素材最重要的一點，在於要抓住各個素材本身具有的印象。即使是一個形狀相同的裝修家具，用金屬和用木材來製作所呈現的效果會截然不同。又比如說同樣是木材，依照樹種的不同，會在硬度、重量、耐水性、市面上能獲得的材料大小等，加上性能或製作條件的差異，最後會形成各式各樣的木質風情。更進一步來說，即使是同一樹種，取直紋還是山紋、實木板還是實木貼皮板、縱向紋還是橫向紋、塗裝的光澤、染色還是原色等，都會呈現不同的特徵和印象。

金屬當然也不例外。髮絲紋不鏽鋼、振紋不鏽鋼、No.4不鏽鋼[2]、鏡面等，各種表面處理的差異也是顯而易見。

由此可知，選用某一種素材不只會改變家具給人的印象，製作方法和製造廠商的選擇上也會讓完成的家具有所不同，更進一步來說，這些也都會和工程、交期、成本有很大的關係。

譯注：
2. No.4 是一種加工程度的代號，表示以顆粒 150-180 號打磨、具有較佳光澤度的產品。

常見的家具表面材特性

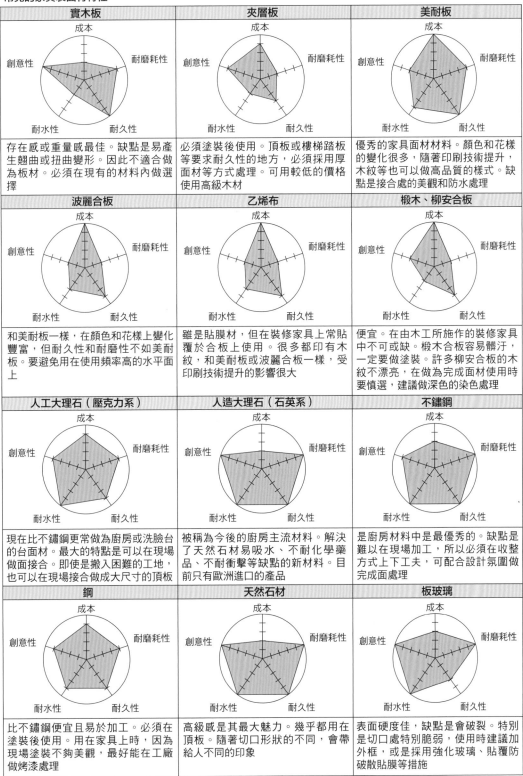

實木板	夾層板	美耐板
存在感或重量感最佳。缺點是易產生翹曲或扭曲變形。因此不適合做為板材。必須在現有的材料內做選擇	必須塗裝後使用。頂板或樓梯踏板等要求耐久性的地方，必須採用厚面材等方式處理。可用較低的價格使用高級木材	優秀的家具面材材料。顏色和花樣的變化很多，隨著印刷技術提升，木紋等也可以做高品質的樣式。缺點是接合處的美觀和防水處理
波麗合板	乙烯布	椴木、柳安合板
和美耐板一樣，在顏色和花樣上變化豐富，但耐久性和耐磨性不如美耐板。要避免用在使用頻率高的水平面上	雖是貼膜材，但在裝修家具上常貼覆於合板上使用。很多都印有木紋，和美耐板或波麗合板一樣，受印刷技術提升的影響很大	便宜。在由木工所施作的裝修家具中不可或缺。椴木合板容易髒汙，一定要做塗裝。許多柳安合板的木紋不漂亮，在做為完成面材使用時要慎選，建議做深色的染色處理
人工大理石（壓克力系）	人造大理石（石英系）	不鏽鋼
現在比不鏽鋼更常做為廚房或洗臉台的台面材。最大的特點是可以在現場做面接合。即使是搬入困難的工地，也可以在現場接合做成大尺寸的頂板	被稱為今後的廚房主流材料。解決了天然石材易吸水、不耐化學藥品、不耐衝擊等缺點的新材料。目前只有歐洲進口的產品	是廚房材料中是最優秀的。缺點是難以在現場加工，所以必須在收整方式上下工夫，可配合設計氛圍做完成面處理
鋼	天然石材	板玻璃
比不鏽鋼便宜且易於加工。必須在塗裝後使用。用在家具上時，因為現場塗裝不夠美觀，最好能在工廠做烤漆處理	高級感是其最大魅力。幾乎都用在頂板。隨著切口形狀的不同，會帶給人不同的印象	表面硬度佳，缺點是會破裂。特別是切口處特別脆弱，使用時建議加外框，或是採用強化玻璃、貼覆防破散貼膜等措施

013
成本的考量方式

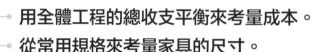

POINT

- 用全體工程的總收支平衡來考量成本。
- 從常用規格來考量家具的尺寸。

意識常用規格

理所當然地,幾乎所有在家具中使用的材料都有其規格尺寸。大部分是以我們所熟悉的3×6(910×1820mm)板、或4×8板(1220×2440mm)的尺寸為基準構成的,這些就稱之為「常用規格」。

不過要注意的是,像人工大理石等在海外生產的建材,並不一定會依照常用規格生產。

即使同屬於木質建材,集成材和其他材料也稍有不同。既製品雖然會按照前述的規格,但若是特別訂作的話,價格則是依每平方公尺計算。天然石材和不鏽鋼也是一樣。採用這些材料時,除了成本之外,也要考量到承包工廠所擁有的加工機器、運送到現場的路線、成品的重量、在現場的收整方式等,再來決定可以製作的尺寸大小。

成本不只是材料而已

在家具整體的成本裡,夾層板所占的比例並不大。比如說,夾層板雖然依照樹種不同會有相當的價格差異,但即使板材的價格高了一倍,家具的價格並不會跟著高一倍。拿七千日圓和兩萬日圓的合板材來比較,材料價差的一萬三千日圓就是最終的價差了。

為了降低成本,很多設計者會把夾層板換成美耐板,其實那樣做並不會如預期般的降低成本【表】,要貼1.2mm的化妝板就非得製作底材不可,不會比塗裝的支出更划算;真要降低成本的話,還不如改用波麗合板會比較好。相比起來,檢討材料的使用率及工程效率才是上策。並不是要「省去工程」,而是精準地走好工序、不做無意義的工,才是最重要的。

表｜木料類規格尺寸與價格

合板的規格尺寸

椴木合板 尺寸	椴木合板 厚度	椴木共心合板（全椴木合板）尺寸	椴木共心合板（全椴木合板）厚度	椴木可彎合板 尺寸	椴木可彎合板 厚度	椴木沖孔合板 尺寸	椴木沖孔合板 厚度	椴木木心板 尺寸	椴木木心板 厚度
3×6板	3mm	3×6板	1mm	3×6板	3mm	3×6板	4mm	3×6板	12mm
3×7板	4mm		1.6mm		4mm		5.5mm	3×7板	15mm
3×8板	5.5mm		2mm		5mm		9mm	3×8板	18mm
3×10板	6mm		3mm		5.5mm			4×8板	21mm
4×6板	9mm		4mm						24mm
4×8板	12mm		5.5mm						27mm
4×10板	15mm		6mm						30mm
	18mm		9mm						35mm
	21mm		12mm						40mm
	24mm		15mm						
	27mm		18mm						
	30mm								

尺寸：
3×6板910×1,820mm、
3×7板910×2,120mm、
3×8板910×2,440mm、
3×10板910×3,030mm、
4×6板1,220×1,820mm、
4×8板1,220×2,440mm、
4×10板1,220×3,030mm

合板/化妝板的價格（3×6板）

合板/化妝板	價格
波麗合板（單色、2.5mm）	3,200日元～
美耐板（單色、1.2mm）	7,560日元～
椴木合板（厚4mm）	1,200日元～
椴木共心合板（厚4mm）	2,840日元～
椴木木心板（厚12mm）	3,090日元～
中密度纖維板（厚12mm）	3,070日元～
木質纖維板（厚12mm）	1,500日元～
三層實木板（赤松、椴松／厚30mm）	16,500日元～
三層實木板（杉／厚30mm）	16,500日元～
三層實木板（杉／厚30mm）	33,500日元～

集成材的價格

橡木	550,000	～／㎥
栲樹	530,000	～／㎥
橡膠樹	380,000	～／㎥
歐州赤松	350,000	～／㎥

規格尺寸：寬50~600mm，長600~4,000mm，厚25mm、30mm、36mm、40mm
可製作範圍：寬1,000mm，長6,000mm，厚150mm

夾層板的價格表（3×6板 貼皮0.2mm+合板5.5mm）

第一群	第二群	第三群	第六群
紅橡	非洲雞翅木	紫心木	黑檀
南洋櫻	黑胡桃木	雲杉	
非洲櫻桃木	安蘭樹	椴木	
沙比力木	美洲櫻桃木	非洲黃梧桐	**第7群（約16,400日元）**
巴西花梨木	宏都拉斯桃花心木		美國檜
毒籽山欖	銀樺		美桐
白橡	斑馬木		
栖	花旗松	**第四群**	**第8群（約20,600日元）**
歐洲赤松	柚木	樺	花梨楓
榆	白木	杉	楓木鳥眼
非洲柚木	山毛		
非洲胡桃木	砂糖楓	**第五群**	
栲樹	銀心木	黃檀	依木薄片樹種，貼皮合板的價格也會不同
白蠟木	白樺		
栓	娑羅樹		

1
規劃流程

2
3
4
5
6

協調素材

照片 | 白色玩具箱

使用帶光澤美耐板、消光美耐板、塗裝、布料、清玻璃、乳白玻璃、霧面玻璃、染色玻璃、單反射玻璃的九種「白」，實現出柔合的空間。

設計：今永環境計画＋STUDIO KAZ　攝影：Nacása & Partners

這裡要介紹材料選擇的一個要點。選擇裝修家具中使用的材料，理所當然是以和建築內裝的關聯性為基準。以極簡概念的空間來說，會考慮以單一的素材來構成；或者也有反而使用多種素材來進行的。採用單一素材的情況時，必須注意木紋和完成面處理的方式。因為即使是同樣的樹種，不同部位取得的材料也會導致木紋的出現方式和塗裝的塗覆方法改變，必須考慮到使用同一塊木貼皮之類的細節。再者，不鏽鋼則是即使已指定做「振紋處理」，當加工業者不同時，成品給人的印象也會整個改變。

若是使用多種材料時，最大的重點應該在於協調性。將顏色、材質、高級感等印象統整為一體的概念為基礎，包含使用位置和大小等，也都必須謹慎選擇。

以照片的例子來說，是統整在「超級白的空間」、「質、量兼備的收納計畫」的概念下。因為是生活的空間，所以不太想呈現過於冷調的印象，因此在同色的九種材料中，大膽地將門片的大小做得不一致，並將全部的壁面都以裝修家具構成。隨著視線的落點不同，材料的光澤、反射、硬度的印象等都會產生變化，形成看不膩且隱隱帶有柔和氛圍的空間。

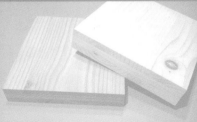

Chapter 2
裝修家具的
結構與製作

014
家具的種類

POINT

— 謹記著需區分工種來計畫。
— 要意識到空間中的視線方向和焦點。

居住空間的裝修家具

如果將「放置家具」（參照第 12 頁）之外的家具也定義為裝修家具的話，那麼空間中所有的家具都可以當做「裝修」的對象了。在住宅裡，從固定層架到簡單的含門片收納櫃、鞋櫃、矮凳、牆面收納櫃、訂製廚具、電視櫃、視聽設備櫃、書櫃等各種收納櫃，或是壁櫃、餐具櫃等的可動層板，都是可裝修的範疇。

此外，在兒童房或書房裡，收納家具通常會和書桌整合，不會只做收納的用途；在廚房，則是因為此處的家具和調理作業密切相關，所以也必須謹慎地計畫【圖1】。

店鋪空間的裝修家具

店鋪空間裡也有許多裝修家具【圖2】。除非是特殊狀況，否則一般餐飲店廚房裡的機器和收納櫃大多是交由專業廚房機器廠商進行配置，因此裝修的對象主要是在客席部分，包括了接待或結帳櫃台、吧台、凳子、服務用收納櫃、展示櫃等。如果是販賣店，裝修的對象除了結帳櫃台外，還會按照商品在尺寸、使用方式上的變化，裝修獨立展示設施及牆面陳列設施等。和其他行業比起來，販賣店中的陳列設施是空間整體設計中極為重要的元素。此外，雖然美容院的剪髮椅、洗髮台等多半向專門業者訂購，但洗髮台周邊的收納櫃、剪髮空間的鏡子和櫃台等，還是會被當做裝修家具來處理。在醫院、診所等相關場所，主要的裝修家具則是接待櫃台及其周邊，這些地方是進入室內時最先映入眼簾的「門面」，裝修家具的好壞與接待區給人的感覺息息相關，算是醫院內整體設計中關鍵的部分。

圖1 居住空間的裝修家具案例〔S=1：120〕

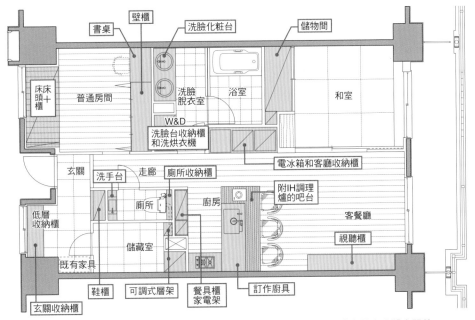

以圖1的居住空間為例，家具（上色處）約占全體空間的22%。
可見裝修家具對空間全體的印象和使用方便性都有很大的影響。

圖2 店鋪的裝修家具案例〔S=1：120〕

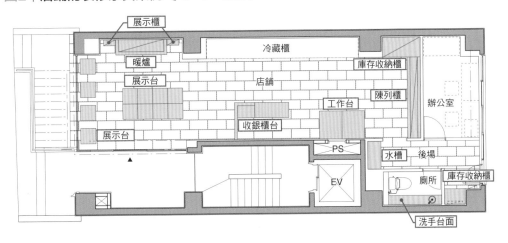

表 各種店鋪必要的家具

	接待櫃台	櫃台	桌子	沙發 （長凳）	陳列架	工作台	收納櫃	壁面 陳列	鏡子 +台面
販賣店	○（收銀）	○		○	○	○	○	○	
餐飲店	○（收銀）	○	○	○			○	○	
美容院	○	△		○			○		○
沙龍	○	△		○			○		
醫院診所	○	△		△			△		

015
家具的構成

POINT

- 認識板材的種類。
- 了解板材的接合方法。

裝修家具的基礎就是板材

裝修家具的基礎在於「板材」。板材又可分為中空合板、鑲板、木心板、實心板四大類。其中，最常使用在家具或門扇工事裡的，就是在工廠製作、在心材上貼覆化妝板或夾層板的「中空合板」和「鑲板」。這兩種材料在輕量化和尺寸穩定性上都有優異的表現【圖2】。

另一方面，木工在現場製作家具時會使用製品化板材，像是表面貼上椴木、柳安木、波麗合板等的「木心板」，或者是將椴木合板和柳安合板等「實心板」切整重組的材料。至於實木板或集成材等，是家具工事和木工工事都會使用到的板材。

板材→箱體→家具

所有的裝修家具都是由板材接合而成的箱體所構成【圖1】。不論是形狀多麼複雜的家具，在這一點上都是同樣的；以箱體當做單位，在設計和製作上也易於理解。不過，如果接頭做得太明顯則會影響美觀，所以也必須注意箱體接合部位的處理方式。

就因為裝修家具是由一個個單純的基本單元疊積而成，所以板材的接合方法相當重要。木工工事幾乎都是採接著劑和螺絲並用的方式接合；另一方面，家具工事則是在工廠以機器製作，可以完成既複雜又強固的接合。

再者，雖然家具工事基本上都是以箱體為單位搬入施工現場，但若箱體大到難以搬入時，也會改以板片的型態搬入。這時，便會使用接合五金在現場進行組裝（參照第138頁）。

基本上，箱體之間的接合處，都是在不明顯的地方利用螺絲來固定【圖3】。

圖1│箱體組合的基本

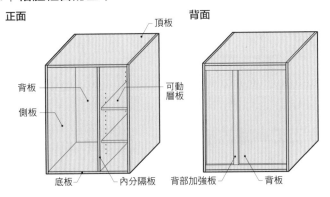

正面　　　　　　　背面

頂板

背板

可動層板

側板

底板　內分隔板　背部加強板　背板

構成箱體的部件用實心板或夾層板、中空合板等板材。

圖2│家具工事和木工工事所使用的板材

①家具工事的情況

心材

木料　木料拼合　合板　其他各種心材

＋

面材

波麗合板　美耐板　天然木貼皮、化妝板　其他各種面材

利用工廠的各種工具和機械製作板材。由於是加工、組合心材後再貼覆表面材，因此可以使用各種心材和面材

板材

中空合板　夾層板

表面材

心材（合板）

面材

②木工工事的情況

製品化的板材

夾層板（椴木木心板或波麗木心板等）

木工都是使用已切割成板材的製品。門扇工事在製作門片時，一般會使用中空合板

實心板（各種實心板集成材等）

無論家具工事或木工工事都能使用的非夾心板材

圖3│箱體的接合

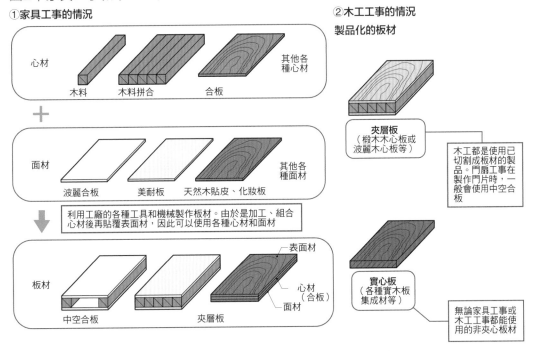

箱體的接合基本上是採螺絲固定。

箱②　（開放式層架）

在後方上部不易看到的位置以螺絲固定

箱①　（附門扇的收納櫃）

正面在西德鉸鏈的底座處以螺絲固定

完成面材要事先就做得比看得見的部分再大一些

因為是箱體的連接面，可不貼面材

016
家具工事和木工工事

POINT

- **必須填補家具工事和木工工事間的精度差。**
- **明確地計畫不同的工程。**

最大的差別就在精度差

家具工事是在工廠裡利用各式各樣的機器製作家具【照片1】，因此尺寸或角度等方面的精確度都非常高；另一方面，木工工事因為是利用有限的工具在現場加工【照片2】，精確度也就無法達到家具工事的水準。當然，木工的個人技巧也會對精確度或完成面處理的好壞有很大影響，所以事前就應從工務店過去的施工實績加以確認。清楚了解兩種工事的差異後，再判斷如何分配家具工事與木工工事的比重。

透過家具工事來製作的話，為了處理家具與建築本體工事之間存在的精度差，家具必須做得比實際空間稍小些，再配合切削牆面退縮板、底座退縮板、和天花板退縮板等調整材，解決家具與建築物間的精度差問題。這些稱為「退縮縫」的設計，除了可以解決細部收整和使用上的問題外，也會影響外觀的美醜。因此，不

要將這部分委由施工者或製作者去決定，在設計者手上就應該做好充分檢討。採用木工工事時，因為是在現場邊測量尺寸邊施工、製作，是有可能配合建築本體的狀況，做到不需要以退縮縫調整的精度。

區分家具工事和木工工事

一般來說，採用家具工事的成本會比木工工事高。想在有限的預算內完成更漂亮的裝修家具，兩者的使用區分相當重要。比如說，在實務上通常會將眼睛看得到的門片或特別要求精度的抽屜交由家具工事製作；而收納櫃內部等處則讓木工工事來處理。再者，門扇的顏色和木紋也會影響整體外觀，這時候可以讓門扇也交由家具工事完成，或者讓家具工事做到未塗裝的素地狀態，再和門扇以及其他木質部分一併做現場塗裝。這時，為了搭配最佳的木紋表現，建議把木貼皮的工作也包含在內一併施作。

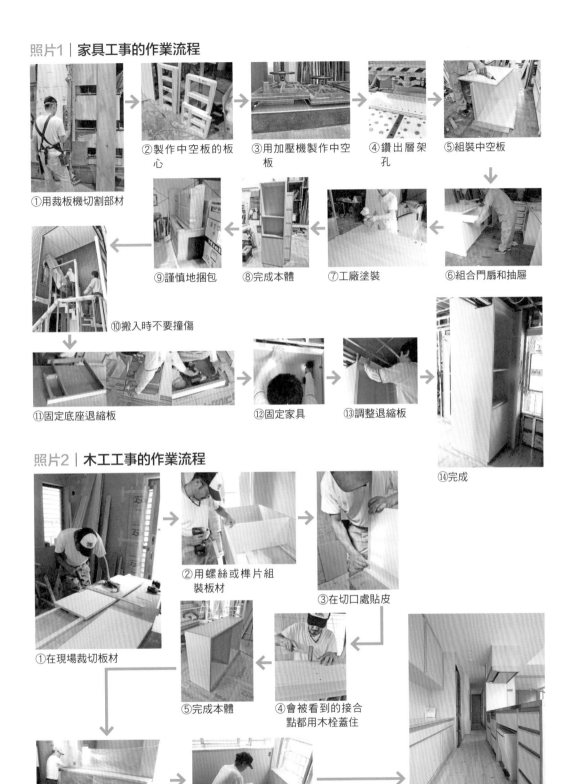

照片1 │ 家具工事的作業流程

①用裁板機切割部材
②製作中空板的板心
③用加壓機製作中空板
④鑽出層架孔
⑤組裝中空板
⑥組合門扇和抽屜
⑦工廠塗裝
⑧完成本體
⑨謹慎地捆包
⑩搬入時不要撞傷
⑪固定底座退縮板
⑫固定家具
⑬調整退縮板
⑭完成

照片2 │ 木工工事的作業流程

①在現場裁切板材
②用螺絲或榫片組裝板材
③在切口處貼皮
④會被看到的接合點都用木栓蓋住
⑤完成本體
⑥塗裝前的保護
⑦用毛刷塗裝
⑧完成

攝影協助：間中木工所（照片1）、田中工務店（照片2）

017
家具工事的流程①

POINT
- 設計討論的時機依業者不同會有差異。
- 塗裝樣本要做到完成狀態的門片實物。

在什麼階段做設計討論？

採用家具工事時，首先要和家具業者進行設計討論【圖】。家具業者可能是工務店的下包廠商，也可能是另外指定的業者。如果是前者（工務店的下包廠商），設計討論多半是在適當的工程階段、有工地現場負責人列席的情況下，在施工現場的事務所進行，由工地現場負責人說明過工程概況；此時，家具圖面也在同步繪製中。因此討論的主要內容在於製作或收整方式、材料或零件、五金相關的問題，以及對不明事項的詢問和確認。

另一方面，家具業者如果是後者（設計者另外指定的業者）時，設計討論大多是開工前在事務所內進行。這時候，雖然是將自己所畫的圖面交給廠商進行討論，但要留意不能只提供家具的部分，也要提供建築全體的圖面，讓家具業者得以透過圖面確認搬入路徑等相關資訊。

委託廠商製作樣本

討論製作或檢討圖面的同時，也要請廠商準備好門片的面材或台面的素材樣本。即使是使用化妝板，也不要只用板材商的制式樣本，而是要請廠商提供加工後的實物，因為切口的貼覆方法會隨業者的不同而有相當大的差異。其他像木貼皮或塗裝的樣本、石材的樣本等，最好也是委託家具業者製作。

雖然設計者和工廠作業沒有直接關係，但知道成品是如何製作還是很重要的事。當設計者知道家具的製作流程或加工方法、木工機器等知識後，不只可以了解裝修家具的設計極限，對設計本身也會有許多啟發。若已經決定好家具業者，只要時間許可就該多前往工廠（木工製作所）參訪；反過來說，不接受參訪的業者就最好不要往來。

圖1 | 家具工事的執行順序（討論～施工圖製作、圖面檢查）

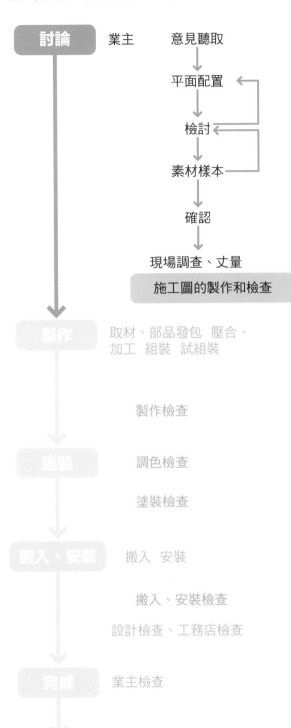

討論 業主　意見聽取

↓

平面配置 ←

↓

檢討 ←

↓

素材樣本 →

↓

確認

↓

現場調查、丈量

施工圖的製作和檢查

製作 取材、部品發包　壓合、加工　組裝　試組裝

製作檢查

塗裝 調色檢查

塗裝檢查

搬入‧安裝 搬入　安裝

搬入、安裝檢查

設計檢查、工務店檢查

完成 業主檢查

移交

意見聽取清單

家庭構成：人數、年齡、性別等
身體特徵：身高、慣用手等
生活風格：收納物等
習慣、行動：室內是否穿拖鞋等
嗜好：期望的顏色或素材等
預算
其他

其他和家具無關的事情（例如喜歡的料理、電影、電視節目等）也問清楚，可以成為設計時的思考方向。

雖然也是要看業主，但特別是第一次進行討論時，務必準備好充分的時間。

確認樣本。不只是家具的塗裝樣本，也要一併檢討家具和地板、牆壁、天花板的調合，以及台面材質、櫃體內部顏色等。

攝影：STUDIO KAZ

018
家具工事的流程②

POINT

- 各要點的檢查都要確實實施。
- 家具工事的搬入作業和施工都意外地相當費時。

在木工廠進行確認

由家具工事【圖】製作的裝修家具，是在木工廠內利用機器完成的。雖然在這個階段沒有和設計者直接相關的事項，但也請務必親自去工廠看一次，並在木工廠內檢查塗裝前的家具狀態。尤其要確認組合後的樣貌，因為僅靠單一櫃體無法確認與其他櫃體間的相互關係、以及電氣的配線路徑。此外，圖面上無法判別出的設計缺陷，通常也可以在這個階段加以修正。

再來就是塗裝階段的檢查。基本上是以廠商之前提供的塗裝樣本來確認，但製作樣本的時間點和現在已經有一段距離了，隨著現場工事持續進行，光線的進入方式和照明計畫、其他部分的素材有可能已經改變，色彩搭配也只在設計者的腦海裡模擬過，所以也會有必須調整最終顏色和光澤的情況。再者，塗裝階段也要檢查完成度，必須確保全體的顏色和光澤沒有產生不均勻的狀況。當然，這些都是家具業者本來就該盡的責任，但設計者能習慣性地在前一個階段確認好的話，現場的施工效率就會有很大的不同。而且，透過檢查展現出設計者精細的態度，本來就是很重要的事情。

現場檢查

在現場搬入、施工時，主要檢查的重點是家具和建築之間的連接情形。例如壁面的收整方式及牆壁的傾斜等，經常會出現和圖面不一致的情形。其他像邊框和踢腳板的接合處、壁面的插座和開關、天花板的照明器具、空調、火災警報器等，這些都是即使事前檢查過還是很容易遺漏的部分，在施工時也要確保不會干擾到這些地方。

圖│家具工事的執行順序（製作～完成、移交）

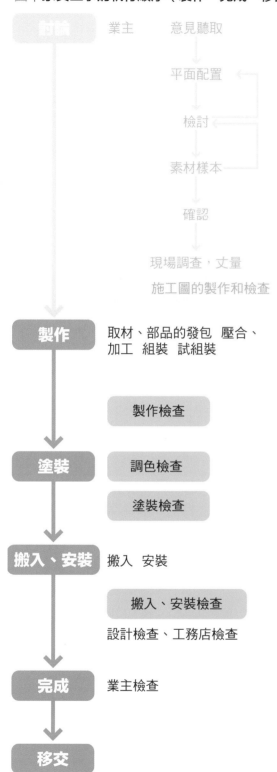

討論　業主　意見聽取

平面配置

檢討

素材樣本

確認

現場調查，丈量

施工圖的製作和檢查

製作　取材、部品的發包　壓合、加工　組裝　試組裝

製作檢查

塗裝　調色檢查

塗裝檢查

搬入、安裝　搬入　安裝

搬入、安裝檢查

設計檢查、工務店檢查

完成　業主檢查

移交

在木工廠進行製作檢查：以塗裝前的家具狀態做試組裝，確認沒有不良的部件。

在塗裝工廠做調色檢查：確認是否與樣本的顏色和光澤都一致。

在現場的搬入、安裝檢查①：決定底座退縮板的位置。因為這會決定所有家具的位置，務必由設計者進行確認。

在現場的搬入、安裝檢查②：檢查收整方式是不是和圖面一致，和建築的搭配是否良好等。

攝影：STUDIO KAZ

019
木工工事的流程①

POINT

- 板材的組合、切口的完成面處理方式要在事前做討論。
- 電氣及弱電設備相關的部分需要專門知識。

基本上使用木質核心板

由木工工事【圖】完成的裝修家具是在現場製作的。使用的工具有鋸子（手鋸、圓盤鋸）或鉋刀、銼刀、電鑽等，和一般建築工事的工具沒什麼不同。因為是配合牆壁、樓板和天花板等現場情況的加工，所以即使不設退縮縫也可以進行。

基本上，木工工事都是透過裁切木質核心板和集成板來組合家具，板材的厚度會依搭配的鉸鏈來決定，多半是使用 15~21mm 的板材。板材以螺絲鎖固，會被牆壁或塗裝遮蓋掉的部分即使看得見螺絲也沒關係，但牆壁無法遮蔽的端部及背面等處，則會用接著劑貼覆厚度 4.5mm 的合板來修飾。這樣一來，因為看不到螺絲而能讓外表很乾淨。但這個時候，要花些心思處理化妝板的厚度部分；但是即使特意將表面處理得漂漂亮亮，如果側面不美觀的話，所有的努力也都會化為泡影。

切口要用木貼皮還是薄木板？

木質核心板的心材會在櫃體的切口處露出，可用接著劑貼覆木貼皮或 3~4mm 厚的薄木板來修飾。設計時必須先了解到，雖然薄木板的強度表現比木貼皮優秀，但採用全覆蓋塗裝時，會因薄木板的厚度產生高低差，染色塗裝時也會與合板產生色差問題。依設計不同，有可能會出現在很明顯的地方，也可能是讓人很介意的部分。若設計者沒有特別要求時，很多業者會在切口處直接貼上薄木板，所以務必確實與對方確認並做出指示。

按照前述的步驟將家具櫃體設置完成後，接著就是由門扇廠商接棒了。

圖│木工工事的執行順序（圖面～製作）

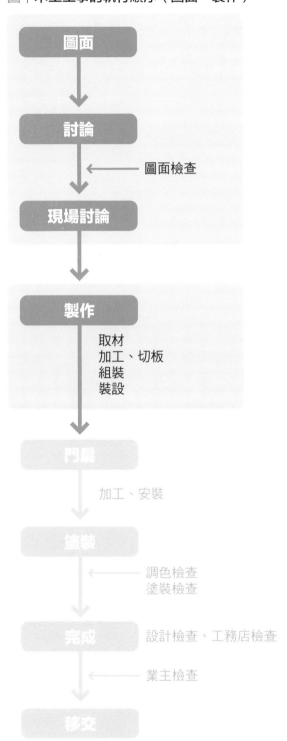

```
圖面
  ↓
討論
  ↓ ← 圖面檢查
現場討論
  ↓
製作
  取材
  加工、切板
  組裝
  裝設
  ↓
門扇
  加工、安裝
  ↓
塗裝
  ↓ ← 調色檢查
        塗裝檢查
完成   設計檢查、工務店檢查
  ↓ ← 業主檢查
移交
```

討論的檢查清單

尺寸：是否反映出業主的期望
表面處理：顏色、光澤、木貼皮的貼法等
收整方式：和門扇的關係，箱體和門片的關係等
五金：廠牌或種類、耐用度等
素材：用實物樣本確認
成本：有沒有在預算內解決

由木工工事製作家具。由於完成面處理是採全覆蓋塗裝，故以螺絲鎖固椴木木心板。

書房的書桌＋收納櫃。門片也是由木工施作，採用椴木木心板，切口貼上切口貼皮。上部的間接照明和層架燈，以及電話、網路線配線等都和電氣工事有關，所以討論和工序安排很重要。

攝影：STUDIO KAZ

020
木工工事的流程②

POINT

掌握各廠商的工程，詳細檢查以避免造成時間浪費。

務必親臨現場勘驗塗裝的調色。

是誰來製作門扇？

透過木工工事【圖】安裝完櫃體後，就進入門扇加工的階段了。技術好的木工也有連門扇都自己加工的，這時候就會和櫃體一樣使用木質核心板施作；但由門扇專業的師傅來製作時，多半是採用中空板結構。主要是因為中空板質地輕，對鉸鏈的負擔也較少，同時又不容易產生翹曲的問題。

塗裝工程的關鍵就是工程管理

櫃體安裝妥當、門扇也完成後，接下來就要進行塗裝。這項工事一般都是由塗裝師傅來做。在現場施作的塗裝方法可區分為刷塗、滾筒塗、噴塗。依塗料不同會採用不同的塗裝方法，如果是考量完成面處理或塗膜的性能，家具比較適合採用 PU 塗料進行噴塗施作。不過，考量到塗裝保護等程序，要凸顯木紋的話，大多會用油質保護塗料＋清漆著色塗裝

（OSCL）；不呈現木紋時（全覆蓋塗裝）則採用 EP 塗料（環氧樹脂塗料）。一般來說，使用 EP 塗料的場合會搭配滾筒塗，但為了呈現粗曠的感覺，也可以採取刷塗留痕的方法。

不論是採用哪一種塗裝方式，在塗裝工事開始前，請務必親臨現場勘驗調色，直接和師傅討論並做出判斷。依樣本和實際使用的底板不同，顏色通常都需要微調過。

塗裝工事是在整體工程的相對後段時施作。此時現場已有很多裝修好的家具，要多費心在保護工作上，以免裝修好的家具被塗料沾染。

完成塗裝後還會有一些壁面粉刷或設備安裝等相關工程，因此在塗裝工事的最後階段，也要對家具做好保護措施，不要在塗裝面上放置物品造成刮傷、或者被粉刷的顏料滴沾到。

圖│木工工事的執行順序（門扇～移交）

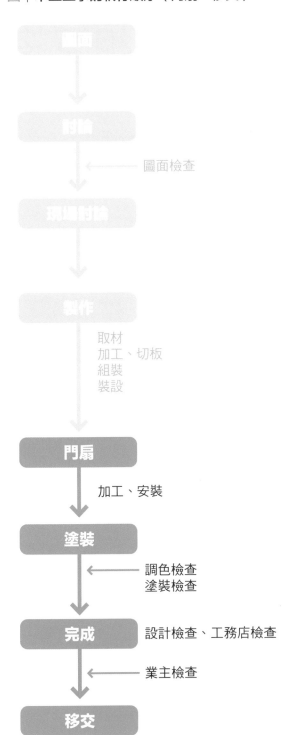

取材
加工、切板
組裝
裝設

門扇

加工、安裝

塗裝

調色檢查
塗裝檢查

完成　　設計檢查、工務店檢查

業主檢查

移交

圖面檢查

透過門扇工事進行門扇的調整。配合櫃體在現場進行切削對比。

現場塗裝是在整體工程的最後階段。由於其他工種有些已經完成，所以要用心做好保護。

塗裝工事進行現場塗裝的情形。與其他工種協調，盡可能不要揚起灰塵是很重要的。

1

2

結構與製作

3

4

5

6

021
家具工事和木工工事的相互搭配

POINT

- 認識精度和完成面處理的差異，清楚地將工事區分開來。
- 了解工廠塗裝和現場塗裝的差異。

決定的關鍵在精度和完成面處理

家具工事和大工工事的最大差異在於「精度」和「完成面處理」兩方面。這些差異多半都會完完整整地反映在成本上。再者，因為兩種工事在製作和收整方式上完全不同，所以設計者在繪圖之初，就必須預先想好工程的區分方式並繪製在圖面上。當然，因為預算的因素必須將原本的家具工事轉交由木工來做時，也要有必須變更圖面的覺悟。

舉例來說，愈來愈多的廚房使用要求高精度的抽屜式收納櫃，這種精度若要求木工現場製作就太嚴苛了；另一方面，像衣櫃之類的家具則是讓木工來處理就已足夠【圖】。

不論是家具工事還是木工工事，完成面的處理都會隨著木工廠或木工師傅自身的技術力而有差異，尤其在木工工事中，這種差異會更為顯著。

依塗裝來區分工事

採用家具工事時，因為是在工廠施作噴塗，平滑的塗膜可呈現出高品質的完成面質感。也就是說，當希望讓家具表現出高級感，或很重視表面素材、塗裝顏色、完成面處理時，讓家具工事來製作是比較合適的。

相反的，木工工事是在工地現場施作塗裝，容易沾上灰塵而難以達到高品質的完成面處理。不過，因為門扇或踢腳板等木質部分是出自同一位師傅之手，在顏色、光澤上就可以完全一致，這一點是現場塗裝才具備的優勢。

因此，請務必確實理解不同工事各自的特徵，並實際掌握合作工班的技術力，精準地分配家具工事和木工工事。比如說，讓木工製作櫃體，門片由家具廠商施作，這樣的分工法也是可行的。

圖 | 將工事切分出來的案例

食材儲放室的內部裝修由木工工事製作，前方的四扇
側拉門則配合廚房部分由家具工事施作

平面圖〔1：50〕

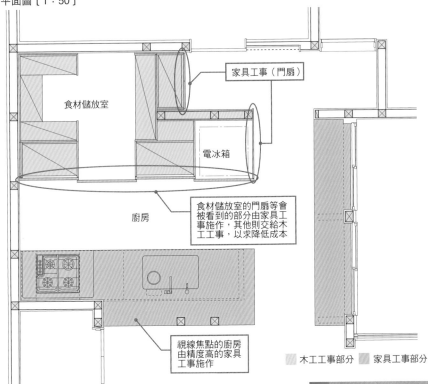

家具工事（門扇）

食材儲放室

電冰箱

廚房

食材儲放室的門扇等會
被看到的部分由家具工
事施作，其他則交給木
工工事，以求降低成本

視線焦點的廚房
由精度高的家具
工事施作

▨ 木工工事部分　▨ 家具工事部分

側拉門詳圖〔1：5〕

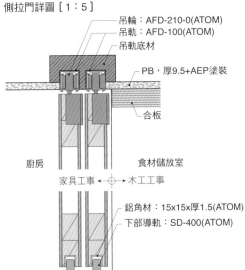

吊輪：AFD-210-0(ATOM)
吊軌：AFD-100(ATOM)
吊軌底材

PB，厚9.5+AEP塗裝

合板

廚房　食材儲放室

家具工事 ←⊕→ 木工工事

鋁角材：15x15x厚1.5(ATOM)
下部導軌：SD-400(ATOM)

① 平面圖的實景照。會被看到的外部由家具工
事以相同的材質、顏色做完成面處理，內部
則交由木工工事施作，就可有效控制成本。

② 將木工廠製作的廚具進行現場塗裝、完成面
處理的例子。廚具的門片可以和一般門扇的
顏色搭配。

攝影：垂見孔士（照片①）、STUDIO KAZ（照片②）

1
2

結構與製作

3
4
5
6

022
家具工廠的選擇

POINT
- 積極前往工廠參訪或查驗。
- 實際看過工廠，就能想像具備的技術力。

工廠參訪和試組裝

不少設計者都將選擇家具業者的工作交給工務店。甚至很多設計者只是在現場露露臉，連工廠的設備和施工者長什麼樣子都不知道。不過，裝修家具是內裝工程中的設計重點，對生活便利性有很大的影響，業主也會對這部分有很高的期待，絕對要避免失敗才行。

因此，首先要了解家具業者是否樂於接待業主或設計者參觀工廠？因為希望盡可能在交貨前檢查過，若無法回應這項要求的工廠也就無法信任了。

接著，要確認工廠有沒有地方做箱體的試組裝。因為希望盡量減少現場的作業，如果能在交貨前先試組裝的話，就可以避免掉非常多的錯誤。一旦還要在現場修改工廠製出的高精度家具，想要維持同樣的精度是很困難的事情。由此可知，確認交貨前的試組裝也是重要工程之一。

工作機械和人

不論是哪一間家具工廠，裁板機和加壓機都是必備的基本工作機械。除此之外，家具工廠還會有什麼加工機械呢？若有 NC 銑台、切口貼皮機等機械的話，能製作的範圍就可以更加擴大【照片】。

最後，無論如何「人」還是最重要的因素。具備基本的技術力、不執著於傳統的做法、總是在挑戰新鮮事物，這種工廠的人才值得信賴。這樣的人，便會以他的經驗提供適切的建議。再者，舉辦研討會等積極從事人材養成的工廠也會給人信任感。因此，在發包前務必前往工廠參訪一次。

鑽台：可在板材上鑽取垂直的孔洞。

帶狀砂磨機：可打磨材料的表面。

數位裁板機：能筆直地裁切大塊板材，附有數位顯示器。

鉸鏈孔加工機：可一次做出多個西德鉸鏈的埋入孔。

裁板機：能筆直地裁切大塊板材。

切口貼皮機：可自動貼覆切口貼皮。也稱為邊緣貼皮機。

刨台：刨板用，可刨出指定厚度的板材。

高頻加壓機：可在短時間內壓合黏接中空合板。

NC銑台：電腦控制，可進行複雜的切削。

圓盤鋸：可精密地切割木材。

斜口刨床：以材料的一面做為基準、修整直角時使用。

升降式作業台：以電力升降，可將各種大小的家具置於台面上加工。

加壓機：可壓合黏接中空合板。

攝影協助：株式会社クレド

結構與製作

1
2
3
4
5
6

023
家具施工的重點

POINT
- 從決定位置和水平的方式就可看出師傅的能力。
- 確認開關、插座、弱電的位置。

決定位置和水平

木工工事所完成的裝修家具，是由木工師傅在現場配合實際情況裁切板材做成的，因此可以說，成品是否完美全看師傅的手藝；家具工事則是在工廠製作完成後、再委由專業施工業者進行安裝，但即使櫃體做得很漂亮，如果安裝者的技術不好，也是無法成就一件完美的家具。不過，安裝者是由家具業者安排，若是委託可信賴的家具業者，就幾乎沒有必要去擔心這些問題。以下將以家具工事的施工為中心來說明。

施工要從定位和決定水平開始【照片】。將比安裝空間稍小的櫃體排放定位時，兩端要留多少空隙呢？大多時候是將空隙左右均分即可；若縱深方向的尺寸不一致、或者形狀很複雜時，則會依整體的平衡性來決定位置。

一般的地板都不是水平的。但家具必須水平設置，特別是在廚房等會用到水或火的家具，保持水平狀態非常重要。不平整的地板可以用底座退縮板調整。最近也有採用可調式腳座五金的方法，這對包含許多櫃體的廚具來說非常好用。

和其他業者合作

裝修家具和其他業者間的交集很多，特別是和電氣工事的合作關係很密切。比如說開關或插座、層架燈、對講機、視聽機器等，一旦裝上後就很難再修正，所以事前的討論與確認很重要。

家具施工的時機會依周邊材料和工法、以及建築整體工程而有所不同。有時候甚至會需要在地板及牆面都裝修完成的狀態下施工，此時也要充分留意不要產生碰傷或汙損。

以底座退縮板設定好位置後再決定水平

底座退縮板要配合地板和牆壁的不平整狀態，
一邊切削一邊決定水平。

利用機器決定位置和水平

雷射水平儀。現在可立即測量出水平和
垂直。以前則是利用水線測量。

易於微調的底部架高器

底部架高器

踢腳板夾具

安裝於地板上的櫃體使用的調節器。可以比較簡單
地決定水平，縮短施工時間。常使用在廚房。

雷射光接收器。接收雷射指標器的紅外
線光，以警報聲提示。單人作業時非常
方便。

攝影：STUDIO KAZ

1

2

結構與製作

3

4

5

6

024
估價書的讀取方法

POINT

- **從繁雜的估算項目中充分擷取必要資訊。**
- **確認估價書中記載的尺寸、樣式、部品。**

木工工事和家具工事的差異

不只是在裝修家具領域，各種估價書的呈現方式都會因不同的工務店而有差異，很難主觀評價或比較優劣。大家應該也都很清楚，每當從數家廠商取得估價書時，往往都要花很多時間做報價分析。

如果是讓木工工事來做裝修家具時，估價書的構成會是「材料費＋木工工資＋門扇工資＋塗裝費用」四大部分，再分別從中擷取各個細項【圖1】。特別是木工工資這部分，有時會和其他木工項目合併以一式來表示，導致難以只擷取出家具部分的工資。當然也有將各項目細分記載的公司，以設計者的立場來說，這種做法是最好不過的。

另一方面，家具工事的估價書則是以「櫃體＋台面＋部品類」三個主要部分在各家具單位中區分，再加上「搬運＋施工＋（家具）公司費用」後總計金額【圖2】。

其中，塗裝費經常會包含在櫃體費用裡。此外，在家具工事裡會出現的「公司費用」如果放到木工工事的估價書時，通常會被含括在整體工事當中。

檢查估價書

估價書裡應該要明確記載製作對象物的家具型號、尺寸、素材、完成面處理。若是使用既製品的部件時，也要註記品牌名稱、機器設備製造商、型號等。這些都要逐項檢查是否和圖面記載的一致。若出現圖面裡沒有的東西，就要花時間確認清楚。五金類（特別是西德鉸鏈或滑軌）也會因廠牌的不同，而在性能和價格上有相當大的差異。

為了可以更容易地檢查估價書，並避免之後在費用上產生爭議，在繪製平面圖的階段就要將各項材質和五金明確記載上去（參照第18頁）。

圖1｜木工工事的估價書確認重點

木工工事

明細書

No.	名稱	規格	單位	數量	單價	金額	備
C	木工事						
	牆 單層底板+壁板材		㎡	77	2,200	169,400	
	地坪 鋪貼夾板底材		〃	46	3,000	138,000	
	地坪 部分高架地坪	含周邊角材	式	1		65,000	
	地坪 新鋪木地板	10C核桃木滑油保護 含損耗	㎡	36	9,560	344,160	
	木地板運送費		式	1		13,320	
	家具底材補強		㎡	30.16	3,000	90,480	
	收納裝修・安裝手續	洗臉檯・廁所・玄關・走廊・房間2	式	1		333,617	
	上記收納裝修材料費		〃	1		184,000	
	收納用五金		〃	1		24,000	
	客廳側窗邊收納裝修	含增溫燈	〃	1		40,000	
	洗臉檯 耐水合板底板						
	天花埋入式撒盒及窗吊軌道						
	單元浴室專用框						
	新設門框及補強						
	新設材料分界						
	洗臉檯・廁所人造大理石加工及安裝						
	接後頁						

像這份估價書般將項目分開列出，就可以很容易掌握成本。但依工務店不同，也有將所有木工工事細項以一式表示。也可以試著請廠商依項目列出價格

木製門扇工事

明細書

名稱	規格	單位	數量	單價	金額	備考
木製門扇工事						
玄關收納	300×2200 鏡木夾板	本	1		13,104	
玄關收納	300×900	〃	4	10,800	43,200	
走廊收納	500×700～900	〃	6	12,000	72,000	
房間・洗臉檯・廁所側拉門	900×2200	〃	3	20,304	60,912	
洗臉檯・廁所收納	520×700 波麗合板	〃	13	9,276	120,588	
安裝施工費		式	1		78,000	
五金費		〃	1		118,792	
【合計】					506,596	

很多都會將塗裝分開，但將安裝費和五金類合併成一式表示的也不少。也有以個別門扇列出本體、五金、塗裝價格的工務店

塗裝工事

明細書

No.	名稱	規格	單位	數量	單價	金額	備考
F	塗裝工事						
	門扇塗裝		㎡	47	2,640	124,080	
	門框塗裝		式	1		35,000	
	窗框塗裝		㎡	20	1,400	28,000	
	家具塗裝		式	1		68,000	
	踢腳板塗裝		m	63	1,200	75,600	
	【合計】					330,680	

很多都將塗裝合併以一式表示。每次都要確認細項以掌握成本

電氣配線工事

明細書

No.	名稱	規格	單位	數量	單價	金額	備考
M	照明器具工事						
	下照燈	ENDO ERD2127W	個	21	9,570	200,970	定價¥14,500
	無縫燈管	DN照明 SHD-L1500T5K	〃	2	22,104	44,208	定價¥30,700
	無縫燈管	DN照明 FHE1500T5EL30	〃	2	2,952	5,904	定價¥4,100
	無縫燈管	DN照明 SHD-L1250T5K	〃	2	22,104	44,208	定價¥30,700
	無縫燈管	DN照明 FHE1250T5EL30	〃	2	2,952	5,904	定價¥4,100
	層架燈	LED-HC-36D	〃	3	8,160	24,480	
	上開燈具變壓器	LTT-5932	〃	1	5,760	5,760	
	分線接頭	LBB-3	〃	1	260	260	
	照明安裝費		處	28	2,200	61,600	
	【合計】					395,298	

器具是按種類列出，安裝費是以幾處來算，很容易管理成本。但也有工務店的安裝費是以一式來表示

木工工事的估價書分列成「木工事」、「木製門扇」、「塗裝工事」、「電氣配線工事」、「設備工事」、「設備機器」等不同頁面，很難管理成本。

圖2｜家具工事的估價書確認重點

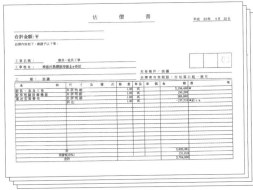

估價書　　平成 22年 9月 22日

合計金額：¥

估算內容如下，務請予以下單。

工事名稱：廚具・家具工事

工事地址：神奈川県横浜市保土ヶ谷区

交易條件：面議

工期：面議

估價書有效期限：自估算日起一個月

名稱	尺寸及樣式	數量	單位	單價	金額	備考
廚具・家具工事	參詳明細	1.00	式		2,194,400	★
廚房相關設備機器	參詳明細	1.00	式		190,296	
運送安裝費用	參詳明細	1.00	式		385,000	
	折扣	1.00	式		-137,315	★約6%
計					2,632,381	
消費稅(5%)					131,619	
合計					2,764,000	

家具工事是將家具單獨估價，很容易掌控成本。但也有將設備機器分開計算的。

名稱	尺寸及樣式	數量	單位	單價	金額	摘
廚具工事						
F-1)廚具（水槽側） ・台面＋手工加工水槽	W2855×D910×t4.0 不鏽鋼振紋修飾 水槽：髮絲紋表面（附掛籃）	1.00	台		278,000	※增 (10.0
・櫃體	W2855×D910×H900 門片：坡羅樹夾板染色PU塗裝 (7分消光)，內部：波麗合板(單色)	1.00	式		340,000	※追 (10.0
	抽屜：附緩閉機制子母抽屜 把手：手孔縫式					
F-2)廚具(爐側) ・台面	W2670×D655×t4.0 不鏽鋼振紋	1.00	台		163,000	W25 (10.0
・櫃體	W3396×D655×H900 門片：坡羅樹夾板染色pu塗裝 (7分消光)，內部：波麗合板(單色)	1.00	式		638,000	
	抽屜：附緩閉機制子母抽屜 把手：手孔縫式					

名稱	尺寸及樣式	數量	單位	單價	金額	摘
運送安裝等費用						
運送費用	(專車運送)	1.00	式		55,000	
安裝費用		1.00	式		285,000	無電視櫃時 ▲¥35,000- (10.08.06)
雜費	(丈量・工地管理費)	1.00	式		45,000	
小計					385,000	
消費稅(5%)					19,250	
合計					404,250	

025
進度的監督

POINT

- 確認裝修家具的製作天數以確立進度表。
- 取得廠商樣本或業主同意所耗費的時間也要加到進度表中。

木工工事的監督

整體工程中與裝修家具有關的時間，在木工工事和家具工事是不一樣的【圖1】。

木工工事方面，從材料發包→加工‧組裝→安裝→門扇→塗裝，每個進程都是各自獨立的工程。其中加工和安裝是在木工工事的階段處理；門扇工事配合建築內其他的門扇一起進行；塗裝工事也是和整體建築的塗裝工程同時間施作。若設計定案拖延到時間很急迫時才能確認的話，至少要確保能在施工前將木工工事中的各工程發包作業決定好。

家具工事的監督

家具工事方面，因為加工‧組裝、門扇、塗裝全部都是在工廠內進行，必須在家具發包階段就要把全部的工程都決定好，並畫入施工圖中。雖然施工圖是自己畫還是業者畫會有若干差異，但同樣都必須在發包階段就完成所有圖面的確認。對於全體的構成、顏色、光澤、使用的五金、搬入路徑、分割位置、退縮縫的尺寸和位置、內部淨尺寸、和建築的關係等，設計者都要用心檢查。不過，若是讓木工工事來做的話，詳細施工圖就必須由設計者親自畫。

再者，裝修家具的完成面處理方式務必讓業主透過樣本確認。由於有些樣本的製作很花時間，考量到業主的確認也會需要時間，所以要預留好充裕的時間。有時預期到業主可能會不同意時，也要事先多準備幾個其他的樣本供選擇，因為如果在這階段拖延太久的話，就會影響工程的進行，請務必注意。事實上，不在現場運作就無法決定的事不會太多，在最初的階段就做好決定的話，就可以避免開工後追加預算等問題【圖2】。

圖1｜與裝修家具相關的監督時機

設計者┈┈▶ 施工者━━▶

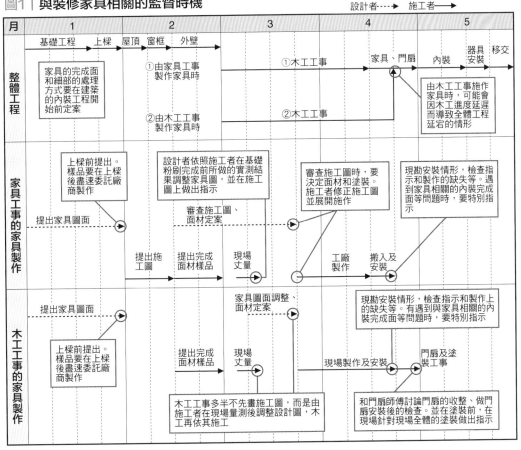

圖2｜廚具重新裝修的進度表範例

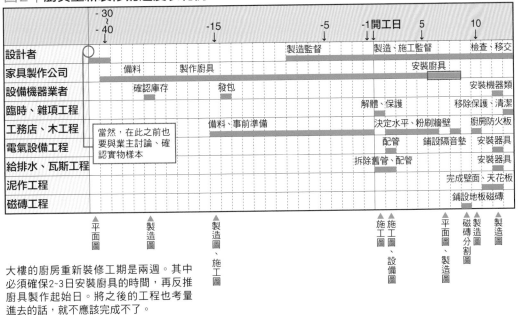

大樓的廚房重新裝修工期是兩週。其中必須確保2~3日安裝廚具的時間，再反推廚具製作起始日。將之後的工程也考量進去的話，就不應該完成不了。

63

026
家具塗裝的目的

POINT

- 家具塗裝具有「機能」和「創意」兩種目的。
- 塗裝顏色要用色號或實物來指定。

塗裝就是家具的化妝

家具塗裝有兩大目的，一是保護完成面材不受汙損或乾裂的「機能」目的；以及凸顯木材質地之美、提高素材表現力的「創意」目的【圖1】。換句話說，可以將家具塗裝比擬成女性的化妝。塗裝可以保護木底材，並讓家具外表更美觀。再者，塗裝也有修飾底材缺陷，或使缺陷不要太過明顯的功能。

決定塗裝完成度的要素有下列五項【圖2】：①木紋要呈現到什麼程度（塗膜所形成的狀態）。②木底材的木紋要呈現到何種程度（底材的可見度）。③木底材要塗上何種顏色（也可選擇不上色，但為了搭配家具全體的色調，有時也會使用看起來彷彿沒上色的上色法）。④光澤。⑤塗料的種類。

塗裝的委託

在上述的要點當中，委託塗裝時最需要注意的就是顏色。其他的事情都可以用言語傳達，唯獨顏色不行。採用全覆蓋塗裝時，在日本最好能用日塗工（日本塗裝工會）的色號來指定。如果真的無法取得的話，也可以改用 DIC 或 PANTONE 的色卡來指定，但要了解到這是用印刷的顏色當樣本。另一方面，採用看得見木紋的染色塗裝時，交付委託時附上實際樣本是最確實的做法。家具業者會有各樹種的染色樣本集，可以借來使用。或者利用 PVC 薄片和化妝板等樣本來比對，也是可行的手法。再者，也可以透過木製百葉或地板的實品樣本來搭配比對。無論是哪種情況，都應該盡可能使樹種和色澤一致，讓施工者的顏色選擇自由度愈少，才是合理的做法。

圖1｜塗裝的目的

家具塗裝

機能 → ・保護家具不會髒汙、碰傷、皸裂、染色、長霉

創意 → ・活現木質的樣貌
・透過著色或光澤等變化，可提高材料的表現力

圖解2｜塗裝面處理的種類

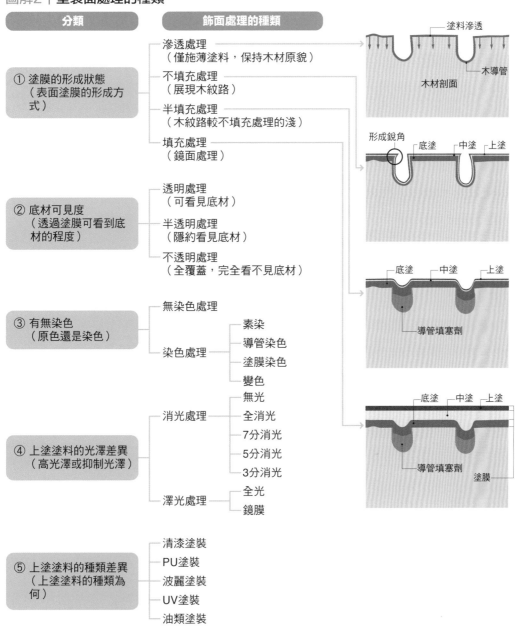

分類	飾面處理的種類

① 塗膜的形成狀態
（表面塗膜的形成方式）

滲透處理
（僅施薄塗料，保持木材原貌）

不填充處理
（展現木紋路）

半填充處理
（木紋路較不填充處理的淺）

填充處理
（鏡面處理）

② 底材可見度
（透過塗膜可看到底材的程度）

透明處理
（可看見底材）

半透明處理
（隱約看見底材）

不透明處理
（全覆蓋，完全看不見底材）

③ 有無染色
（原色還是染色）

無染色處理

染色處理
　素染
　導管染色
　塗膜染色
　變色

④ 上塗塗料的光澤差異
（高光澤或抑制光澤）

消光處理
　無光
　全消光
　7分消光
　5分消光
　3分消光

澤光處理
　全光
　鏡膜

⑤ 上塗塗料的種類差異
（上塗塗料的種類為何）

清漆塗裝
PU塗裝
波麗塗裝
UV塗裝
油類塗裝

圖中標示：塗料滲透　木導管　木材剖面
形成銳角　底塗　中塗　上塗
導管填塞劑
塗膜

027
家具塗裝的種類

POINT

- 工廠塗裝主要是採用 PU 塗料
- 要注意光澤度的指定方式和建築塗裝不同

塗料的種類和光澤

工廠塗裝主要是用 PU 塗料（兩液型聚氨酯塗料）【表】。不表現木紋的塗裝也稱做琺瑯塗裝，或者也可以採用金屬塗裝或珍珠塗裝等特殊塗裝方式，此時可使用中密度纖維板（MDF）做為塗裝的底材。因為這種底材容易調整，可以讓端部的圓角（R 角）做大一些、減少塗裝剝離等問題。可展現出木紋的塗裝叫做透明染色塗裝。其他的塗料還有油質保護塗裝、皂水塗裝、清漆塗裝、蜜蠟塗裝等。以亞麻仁油為主要原料的 WATCO 油也是從以前就很常見的塗料。此外，近年來「自然風」或「天然風」相當流行，所使用的德國廠牌 OSMO 或 LIVOS、以及桐油等自然塗料也相當受到歡迎。

工廠塗裝時，會利用在完成面噴上消光塗料的方式調整光澤度，可以分為無光、全消光、7 分消光、半消光、3 分消光、全光澤等六種等級；全光澤還可以再進一步打磨做出更亮麗的完成面。要特別注意，家具塗裝和建築塗裝的不同在於可以做消光的表現，因此務必指定家具塗裝的光澤程度。

容易混淆的塗裝知識

嚴格來說，鏡面塗裝並非使用 PU 塗料，而是指將厚塗的聚酯塗料（UP）磨光而成的完成面處理。雖然也有人把平滑有光澤的完成面直接稱為鏡面處理，但還是希望能有所區別。另外，「UV 塗裝」是指利用紫外線照射使塗料快速乾燥、硬化的塗裝工法，並不是指可以隔絕紫外線、防止曬損的塗裝。因為 UV 塗裝也可以做平滑的完成面處理，部分廠商也會將加了光澤塗料做成的 UV 塗裝稱為鏡面處理。

表│使用在家具塗裝的主要塗料

塗料種類	正式名稱	通稱	用途
塗膜型塗料	纖維素硝酸酯塗料	清漆	雖然不太能期待耐水、耐候、耐磨耗等性能，但能營造出沉穩的完成面處理。適用於傳統家具（古董風、民藝風）
	聚氨酯塗料	PU	工廠塗裝的主流。塗膜的耐磨性佳、和木底材的密合度高。適用於所有的家具
	不飽和聚酯塗料	UP	與PU相比塗膜更厚。硬度高、光澤佳，耐候、耐藥性都很好。適用於高級家具、樂器、佛壇等
	UV硬化塗料	UV	利用紫外線照射強制硬化，因此乾燥時間極短、容易做出光滑面，也有廠商稱之為鏡面處理。適用於所有家具，但僅限於板材塗裝
	大漆	大漆	耐水、耐熱水、耐酸、抗鹼性都很好，富有光澤，需要相當的塗裝技術和塗裝環境。多使用於高級家具
滲透型塗料	油質保護塗料	油	塗料滲透入木材內部，展現出木質的風味。對水、熱、碰撞都很脆弱。愈使用愈增光澤，若能細心維護的話，能更增添風味
	柿澀	柿澀	防水、防腐、防蟲性都很好。剛塗好時幾乎無色，經年累月後顏色會變濃
	皂水塗裝	皂水塗裝	在木材上塗皂水，是北歐家具常見的塗裝方式。使木材保有原本的質感。必須細心維護

（左）
工廠塗裝的情形。噴塗PU塗料的情景。

（右）
配合色樣調色。要能一邊想像乾燥後的樣子和光澤的變化，一邊進行調色，需要相當的經驗。

攝影：STUDIO KAZ　協助：ニシザキ工芸

028
家具塗裝的程序

POINT

- 塗裝的成敗在於底材處理。
- 以用途和完成面處理來決定是由工廠還是現場施作。

塗裝的關鍵在於底材處理

不論是工廠塗裝還是現場塗裝，家具塗裝都是依照下面的程序：①磨、②塗、③表面清理、④乾燥的重複動作，這四個工序會依塗料和實際狀況來施行【圖】。其中最重要的手續是「磨」，必須謹慎地處理。做為底材的木材本身狀態好不好當然很重要，但之後的底材處理更是影響塗裝的成敗。毛面、刃紋、撞擊痕、汙損、油損、溢膠等處要用砂紙仔細地除去，也要把砂紙造成的粉塵全部吸除乾淨。在工廠裡可利用空壓機吹除粉塵，但在現場施工時就不行，所以要留意並調整適當的工法。

現場塗裝和工廠塗裝的不同

現場塗裝主要是用毛刷刷塗。底材經過表面處理、使用油性塗料上色後，再以清漆著色塗裝（OSCL）等做完成面處理。雖然也有在現場採用噴塗的情況，但考量到保護等作業的費事程度，並不是個好方法。因為現場塗裝都是在工程的最後階段施作，最好使用味道不會太重的水性塗料。其他也有使用油性凡立水或蜜蠟、皂水塗裝做完成面處理的例子，尤其油性塗料用在針葉樹種的木材上會出現透濕般的色澤，只要改用蜜蠟和皂水處理，就可以避免這個問題。

在工廠執行塗裝，能更容易控制塵埃等問題，且塗裝室的設備也較完備，可以將噴塗做到更高的完成度，當然工序也更為複雜。從底材的調查開始，至少要經過10道以上的程序才能完成。因此成品會比現場塗裝更為好看。採用工廠塗裝時，光澤度的指定也可以更細緻，從全消光到全光澤再打磨都是可選擇的範圍。

圖 | 塗裝工程

工廠施作的PU塗裝工程

透明染色塗裝

遮蓋保護
↓
調整底材
↓
染色
↓
下塗
↓
打磨下塗
↓
中塗
↓
打磨中塗
↓
完成面處理前透出木底色
↓
調整顏色
↓
定色
↓
完成

全覆蓋塗裝

遮蓋保護
↓
木底材下塗
↓
填充底漆
↓
打磨填充底漆
↓
中塗漆※
↓
打磨中塗漆
↓
完成面顏色的烤漆塗裝
↓
水沖打磨琺瑯塗裝
↓
金油塗裝
↓
完成

↓
水沖面打磨

以下僅適用於全光澤再打磨的情況

↓
打磨

> 光澤度指示
> 無光
> 全消光
> 7分消光
> 5分消光（半光澤）
> 3分消光
> 全光澤
> 全光澤再打磨

工廠塗裝以消光程度做指示。

現場施作的滲透著色塗裝工程

遮蓋保護
↓
調整底材
↓
下塗
↓
填充底漆+打磨+表面清理
↓
中塗（也有省略的）
↓
打磨+表面清理（也有省略的）
↓
上塗
↓
表面清理
↓
清漆著色塗裝（也有省略的）
↓
完成

> 光澤度指示
> 全光澤
> 7分光澤
> 5分光澤（半光澤）
> 3分光澤
> 無光澤

現場塗裝是以光澤程度做指示。

＊原注：中塗漆（Surfacer），亦稱為二度底漆，功能是將塗裝的附著性優化。

自然風的家具塗裝

照片｜**小窗邊的凳子**

以松木積層板構成，塗上
MOKUTO塗料的家具。表面
的外觀和觸感都呈現出如同無
塗裝般的質感。

設計・攝影：小形　徹

現在的室內裝修流行盡量表現出木材本身的風貌以增進質感。這時，一般多會採用自然風的油質保護塗料來處理，但油質塗料在耐水和防汙等性能方面，卻會有點靠不住。若是從性能方面來看的話，PU 塗裝還是具有壓倒性的優勢。

為此，許多廠商便陸續開發出既能保有木質風情、又兼具塗膜性能的塗裝。

「自然平光處理」是在訂作家具業界中廣為人知、並在塗裝技術上頗受好評的西崎工藝公司（Nishizaki Kougei Co.）所獨創的塗裝處理法。不但可以直接感受到無塗裝般的木材紋理質感，在塗膜的性能上也具備和 PU 塗裝相同的耐久性。

「木塗 MOKUTO」則是 NITTOBO 化工公司所開發的液態玻璃塗料。在塗裝時讓塗料浸入木材內部，隨著塗料中內含的酒精揮發的同時，也在木材內部形成玻璃層。使家具既能保有無塗裝的觸感和透氣性，又能提升耐水性、耐傷性、抗污性等【照片】。

此外，「No.59」是由 M&M 貿易公司代理的木製品保護劑。不只在室外和浴室等經常碰到水的場所可以使用，也能應用在木材、布料、紙張、石材、皮革等各種材料上，可說是大幅擴展了家具的可能性。

Chapter 3
裝修家具的材料與塗料

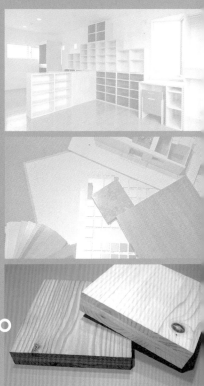

029
板材

POINT

- 詳記板材的種類。
- 配合各種條件分別使用板材。

依不同工程區分使用

裝修家具是由板材組成的箱體構成的。因此,不只是外觀,為了滿足耐重等性能上的需求、以及設計出符合預算的家具,都有必要先了解板材【圖1、2】。

板材可大致區分為中空合板、鑲板、木心板、實心板等四大類。其中的中空合板和鑲板是在木工廠內利用機器製成、再使用在家具或建築工事裡,在重量及尺寸安定性上的表現都相當好,防翹曲性也比較強。

另一方面,木工工事是將成品的板材在現場直接加工、組裝。因此會使用木質核心板之類的木心板,或是椴木、柳安合板等實心板。當然,這些板材也可以使用在家具工事中。

依完成面處理區分使用

板材會依照完成面處理方式的不同分別使用。比如說塗裝工事採用全覆蓋塗裝時,底板會使用椴木合板或中密度纖維板(MDF)。不過,一般的中密度纖維板比重較高,如果是做成大門片,最好改用較薄的中密度纖維板或面貼椴木材的中空合板。

再者,柳安合板有凹凸狀的木紋,不適合搭配全覆蓋塗裝;而且柳安木本身的顏色較深,也要避免使用淺色塗裝。

此外,有時也會使用已經過表面處理的結構用纖維板,一來可以用較低的成本做完成面處理,而且生動的木紋也可以變成創意上的亮點,但要注意木節和裂紋等的處理。

一般選用板材時,除了兼做完成面的情況,多半是由施工者(製作者)考量機能和成本來決定。但是身為一位設計者,就擴大自己設計領域的方面來看,還是有必要多了解板材。

圖1 | 以工事區分來選板材

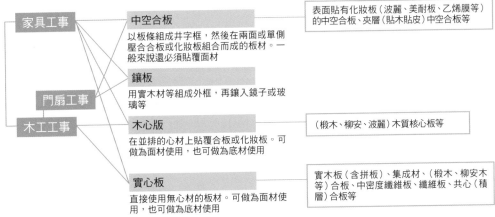

家具工事

中空合板
以板條組成井字框，然後在兩面或單側壓合合板或化妝板組合而成的板材。一般來說還必須貼覆面材

→ 表面貼有化妝板（波麗、美耐板、乙烯膜等）的中空合板、夾層（貼木貼皮）中空合板等

門扇工事

鑲板
用實木材等組成外框，再鑲入鏡子或玻璃等

木工工事

木心版
在並排的心材上貼覆合板或化妝板。可做為面材使用，也可做為底材使用

→ （椴木、柳安、波麗）木質核心板等

實心板
直接使用無心材的板材。可做為面材使用，也可做為底材使用

→ 實木板（含拼板）、集成材、（椴木、柳安木等）合板、中密度纖維板、纖維板、共心（積層）合板等

	中空合板	鑲板	木心板	實心板	
表現素材質感	○	○	○	○	採油質保護塗料或透明染色塗裝，呈現板材原有樣貌
貼覆面材	○	×	○	×	以板材做為底材，面貼美耐板、乙烯膜或夾層板
做為塗裝底材	○	○	○	○	以板材做為底材，做全覆蓋塗裝

圖2 | 板材的厚度

中空合板

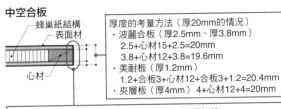

蜂巢紙結構
表面材
心材

厚度的考量方法（厚20mm的情況）
・波麗合板（厚2.5mm、厚3.8mm）
　2.5+心材15+2.5=20mm
　3.8+心材12+3.8=19.6mm
・美耐板（厚1.2mm）
　1.2+合板3+心材12+合板3+1.2=20.4mm
・夾層板（厚4mm）4+心材12+4=20mm

切口材　・夾層板時：切口貼片、厚木片、金屬板等
　　　　・化妝合板時：切口貼片、心材同色美耐板、切口材、金屬板等

即使是五金也是以板材厚度來決定

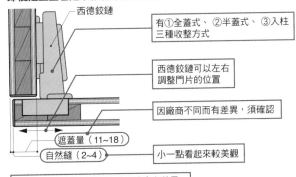

西德鉸鏈

有①全蓋式、②半蓋式、③入柱三種收整方式

西德鉸鏈可以左右調整門片的位置

因廠商不同而有差異，須確認

遮蓋量（11~18）
自然縫（2~4）　小一點看起來較美觀

西德鉸鏈依種類不同埋入的深度會有差異，不同型號的鉸鏈適合的門片厚度亦不相同

木質核心板（木心板）

表面材
切口材

厚度可以採用12、15、18、21、24、30mm

積層合板（實心板）

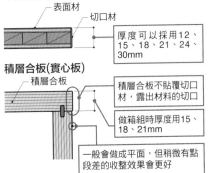

積層合板

積層合板不貼覆切口材，露出材料的切口

做箱組時厚度用15、18、21mm

一般會做成平面，但稍微有點段差的收整效果會更好

中密度纖維板（MDF，實心板）

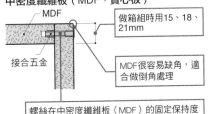

MDF

接合五金

做箱組時用15、18、21mm

MDF很容易缺角，適合做倒角處理

螺絲在中密度纖維板（MDF）的固定保持度不好，若可能反覆拆裝的話，常會用固定螺絲等接合

030
實木板

POINT

使用實木板時要從未來可能變形來進行計畫。

了解可解決實木板缺點的人造板。

留意乾燥的狀態

說到實木板的魅力，絕對是在於實木所具有的存在感。只要將一張實木板製成的吧台放入空間裡，立刻就會成為視覺焦點，其他的設施都顯得無足輕重了。特別是保留了樹木天然邊緣、被稱為「耳付」的板材，更是能創造出獨特的氛圍。

然而，實際使用實木時，會遇到的麻煩相當多，而且危險。

首先是翹曲的問題。要使用經高度乾燥處理過的木材是必然的，以含水率10%做為判斷基準。但即使乾燥到這種程度，也還是無法避免翹曲發生。所以務必要以「這些變形必然會發生」的前提來決定使用的位置【圖1】。

再來是成本的問題，幾乎所有的實木板價格都很高。必須記住，即使有便宜的進口實木板，但還是不如使用貼皮合板划算。

人造板

大尺寸的實木板價格昂貴又容易翹曲，倒是有一個可以解決這些缺點的方法【圖2】，就是將寬100mm的實木板橫向排列壓接，做成大片的「實木拼板」。相較於用寬20mm左右材料拼成的集成材，實木拼板能給人更接近實木板的印象。

或者也有把三張薄的實木拼板（12mm左右）以90度交叉疊貼，做成更能減輕翹曲和收縮等變形的「實木積層板」【照片】。實木積層板常使用杉木或松木等針葉樹種，流通尺寸和合板一樣（也有加長尺寸的），很容易就能取得常用尺寸。因為不必在現場刨削，使用起來會很輕鬆。雖然實木積層板多半是當做結構材使用，但其實也可以使用在家具或門扇等會被看到、摸到的部分。若能讓結構壁、門扇、家具使用相同材料，就能將一體感表現得更好。

圖1｜實木板的特性

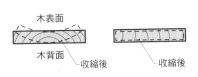

邊材（白肉）　心材（紅肉）　（含水率大）　裝修材

帶心材（結構材）

（含水率小）

（山紋）　（直紋）

從樹木原材取出帶心的部分做為結構材，利用外側的邊材做為裝修材，便可取得較佳的尺寸。離樹心愈遠的木材含水率愈高，收縮也愈劇烈。此外，板材愈寬愈會翹曲，請務必留意

木表面　木背面　收縮後　收縮後

直紋材在靠樹皮側稱為木表面，樹心側稱木背面。乾燥後會向木表面翹曲

圖2｜使用實木材製成的材料

實木拼板

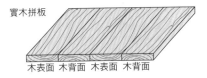

木表面　木背面　木表面　木背面

集成材

實木積層板

照片｜實木積層板的使用例

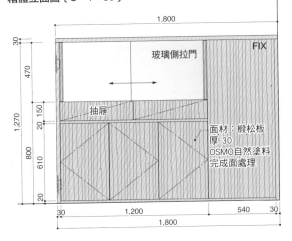

左：日本落葉松　右：椴松

攝影：STUDIO KAZ　素材提供：木童

使用椴松板的例子。餐具架、壁面收納櫃、壁面嵌入層板、凳子、電視台面等處都使用椴松板，並以OSMO自然塗料做完成面處理。

設計：STUDIO KAZ　攝影：山本まりこ

箱體立面圖［S＝1：30］

1,800

30　470　1,270　20 150　800　610　20

玻璃側拉門　FIX

抽屜

面材：椴松板
厚30
OSMO自然塗料
完成面處理

30　1,200　540　30
1,800

剖面圖［S＝1：30］

380

30　470　60 100 30　580　30
290　30
144.5 160
30 52　30
300
240
129.5

箱體：椴松板
厚30 實木積層板

玻璃側拉門詳圖［S＝1：4］

30
9.2
5　28　15
清玻璃（強化）厚5
470
21　5 15
2
9.2
21

不鏽鋼軌
上軌：03500/999島野
下軌：03530/999島野
滑輪：03510/999島野

031
木貼皮

POINT

- 木貼皮是最適合的家具材料。
- 木貼皮的張貼法也要多下工夫。

木貼皮的選擇方法

將木材薄切（約 0.2~0.6mm）而成的單板叫做「木貼皮」【圖1】。厚度在 0.6~1mm 的稱做「木薄片」，常用在櫃台的端部。比這更厚的則稱為「薄木板」。

木貼皮依照樹種和部位不同，會做成不同寬度、貼覆於合板（夾層版）上使用。可以呈現出各樹種的獨特樣貌，並且不容易出現翹曲或變形的狀況。也具有合板易於加工的特質，是最適合家具使用的材料。

即使是同一樹種的木貼皮，每棵樹表現出來的木紋也不盡相同。甚至即使是出自同一棵樹，有些樹在心部（心材）和皮層（邊材）所呈現出的樣貌也可能全然不同。

在連續排列的門片上使用時，要盡可能調整到讓全部的門片在關閉狀態時，木紋能夠呈現出一貫的連續感。

決定貼合方法

選擇木貼皮的樹種時，也要考量木紋是要用山紋、直紋、奇紋、還是旋切紋等，採用不同的裁切方式和方向都會改變木紋呈現的樣貌。因此，一定要以實際採用的木貼皮來製作樣本並加以確認。

木貼皮的貼合方法也很重要。一般常用的是同方向並貼的順花貼法，但做為整體創意的一部分思考，也可以採用合花或菱紋等特殊貼法【圖2】。採用正反交錯組合的合花貼法時，會因為木貼皮上的塗料附著方式改變，而容易產生塗裝不均勻的情形。而且，也要注意使用的場所，特別是在光線直接照射的部位，這種不均勻會很明顯。

另外，也有把集成材薄削而成的集成木貼皮；或將木貼皮染色後疊積、薄切，產生出有趣圖案的人工木貼皮。

圖1 | 木貼皮的切削法

刨切式

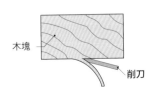

木塊

削刀

旋切式

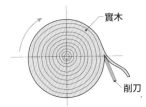

實木

削刀

半圓旋切式

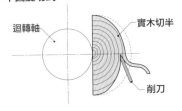

迴轉軸

實木切半

削刀

逆半圓旋切式

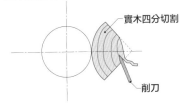

實木四分切割

削刀

木貼皮的切削方式有左列四種，依樹種及實木的狀態，以及要取的是直紋、山紋還是奇紋等分別使用。

白美蘭地木材、直紋全消光PU塗裝。門片和側板等分開的板材也做對紋處理。

柚木山紋貼皮。在連續的門片上使用時，要調整到使木紋呈現一貫性。最近流行將木紋做橫向配置。

塗裝前的斑馬木直紋貼皮合板。可看出其順花貼法（橫貼）。

攝影：STUDIO KAZ

圖2 | 木貼皮的貼法

順花貼法

合花貼法

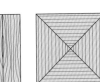
斗狀貼法

逆斗狀貼法

箭紋貼法

雙箭紋貼法

菱紋貼法

逆菱紋貼法

格子貼法

交錯貼法

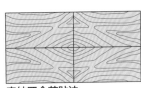
奇紋四合花貼法

即使是相同的木貼皮，也會因貼法不同而呈現出全然不同的樣貌。雖然最近幾乎都是採順花或合花貼法，但在古典家具中還是看得到斗狀或菱紋貼法。

032
樹脂系化妝合板

- 美耐板和波麗合板的性能完全不同。
- 要求耐久性的台面可使用美耐板。

美耐板和波麗合板

在家具中廣泛使用的材料有美耐樹脂化妝板（簡稱美耐板）和聚酯樹脂化妝板（簡稱波麗合板）【表】。最近隨著印刷技術的進步，已經可做出質感與實際木材難以區分的化妝板，加上在耐久性和成本上的優勢，所以廣受歡迎。美耐板是將厚度1.2mm的樹脂板貼覆於中空合板等底材上。因為要使用加壓機壓合，不適合在現場加工；另一方面，波麗合板則是表面貼覆樹脂薄片的2.5mm或4mm厚度合板，可以在現場進行加工。

不論是美耐板還是波麗合板，都要在切口貼覆薄形邊緣貼皮或心材同色美耐板（即面材與底材同色的美耐板）。以強度來說，採用心材同色美耐板會比較好，但切口因為美耐板而凸出1.2mm的厚度會很明顯。反過來說，如果是貼邊緣貼皮的話，要注意避免產生溢膠。以上這些都與師傅的手藝有關，務必請對方先做一個已加工到門片狀態的樣本當做參考。

依使用場所選材

從耐磨性的角度來說，表面硬度高的美耐板會比較優秀。因此在桌子或櫃台等水平面，大多會採用美耐板【圖1】。但成本上，美耐板比波麗合板貴上大約兩倍，所以在垂直面和櫃體內部多半會用波麗合板。美耐板可以加熱彎曲，市面上有販售做好彎曲加工的成品台面板材。門片也可以在專業加工廠內施作端部彎曲加工，但只能做二次曲面，留下的切口部分仍然要貼覆切口材【圖2、3】。雖然這兩種材料的顏色很多樣，但在一件家具上同時使用美耐板和波麗合板時，還是要確認是否有同色的素材可用。

	美耐板	波麗合板
種類	以美耐樹脂浸滲紙板加工而成的樹脂板	在紙板上貼覆聚酯樹脂層加工而成的合板
厚度	1.2mm	2.5mm（3×6板）、4mm（4×8板）
特徵	表面硬度很高、不易碰傷。耐水、耐藥、易保養。耐熱性亦佳，但若放置熱鍋等物品時，可能會造成面材與底材剝離	硬質，抗熱性不強。不耐衝擊，易生傷痕。易保養，但紫外光照射會褪色，注意不要用在常受日曬的地方
切口處理	切口使用共材（相同材料，或者使用表面材和底材同色的心材同色美耐板）	底材是合板，因此必須在切口貼覆其他材料
適用部位	頂板、頂板切口、門片、門片切口、本體內外部、本體切口、層板等家具全體	本體內部、層板
價格 ※1 平板	13,440日元	7,900日元
價格 ※1 心材同色板※2	24,640日元	—

※1：4×8板的定價。其他像浮雕加工等情況時，價格會有差異。
※2：面材與底材同色的美耐板。

圖1│依部位分別使用美耐板、波麗合板

(1)頂板、台面

從強度和維護便利性來說，很適合用美耐板。一般切口材都是貼共材，但因為厚度很薄，不能做倒角。頂板考量安全性，多半會做較大的倒角，完成面和切口採一體貼覆是最適當的做法

(2)門片、抽屜等會被看到的部位

容易碰撞到的部分用強度較高的美耐板，切口建議使用共材或是薄木板。不要求切口強度的話，使用DAP貼片（參照第140頁）或PVC薄片亦可。若以成本來考量，多半會採用波麗合板。

(3)本體內部、層板

從預算平衡的角度來看，波麗合板是較適合的材料。在大面積的收納等家具上，材料費的比重相當高，可見材料選擇對成本有很大影響。

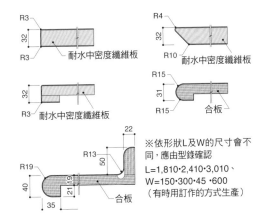

門片的切口貼心材同色美耐板的話，會產生很多線影響美觀。若改貼DAP貼片會較不明顯，但要注意接著劑溢膠問題

門片也可以使用波麗合板。注意表裡使用的材料要一致

櫃體內部用波麗合板就已足夠

頂板採用美耐板。最近採用一體貼覆的角度最小可做到3R的程度，讓外觀顯得更加銳利

有強度需求的切口貼美耐板或心材同色美耐板

側板有可能碰撞的話，建議採用美耐板

圖2│一體貼覆門片

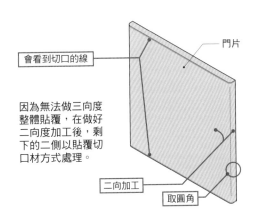

會看到切口的線

門片

因為無法做三向度整體貼覆，在做好二向度加工後，剩下的二側以貼覆切口材方式處理。

二向加工

取圓角

圖3│美耐板一體貼覆剖面形狀（部分）

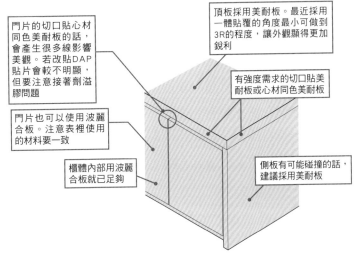

R3 32 R3 耐水中密度纖維板

R4 32 R10 耐水中密度纖維板

32 R3 耐水中密度纖維板

R15 31 R15 合板

22 R13 50 R19 40 35 合板

※依形狀L及W的尺寸會不同，應由型錄確認
L=1,810·2,410·3,010、
W=150·300·45·600
（有時用訂作的方式生產）

材料與塗料

033
玻璃

POINT

- 玻璃會破裂，但抗壓力非常強。
- 玻璃可做各式各樣的加工使用。

強度和脆性

玻璃在透明性、平滑性、抗污性上的表現都很好，活用這些長處在建築和家具上，玻璃的應用範圍就會很廣【表】。但反過來說，玻璃也有著冰冷、厚重、僵硬、易破裂等缺點，尤其對抗張力和衝擊時特別脆弱，對抗壓力卻又很強。使用在層板等處時，比起木製層板，即使是極薄的玻璃板也可以承受高耐重，適合做成大跨距的層板。

板玻璃中最常被使用的就是平板玻璃，在透明度及平滑性上都有優秀表現。不過，從玻璃的切口可以了解，玻璃本身是綠色的【照片】，透過玻璃看東西會讓顏色多少出現變化。為了避免這種狀況，也可以選擇無色透明的高透明玻璃（超白玻璃），這種玻璃常用在博物館的展示櫃等地方。再者，強化玻璃的抗彎曲性及耐衝擊性比一般玻璃強 3~5 倍。但要注意的

是，雖然強化玻璃對正面的耐衝擊性很強，但在切口處卻很脆弱，必須做切口處理才行。順帶一提，鏡子就是在板玻璃背面鍍銀或銅膜、再施以保護塗裝而成的。其他還有透光、但無法透視的磨砂玻璃或纖維玻璃，或具有防止侵入功能的膠合玻璃、防爆玻璃等。就機能和創意上來說，還有熱反射玻璃、單反射玻璃、有色玻璃等，都可使用在裝修家具上。

玻璃的加工

雖然有許多限制，但板玻璃可以做多種類型的加工【圖】。可依使用目的或搭配的五金進行切斷、彎曲、開孔、切角、噴砂、蝕刻、V 型切等。也有各式各樣的貼膜可配合使用目的和設計來貼用，貼膜本身也具有防止玻璃破損時碎片飛散的功能。

表｜家具主要使用的玻璃種類和特徵

種類	厚度（mm）	最大尺寸（mm）	特徵	使用位置
平板玻璃／磨砂玻璃	2	1,219×610	平板玻璃的平滑性高，是最常見的玻璃。從正面看幾乎是透明的，但看切口就可知道，玻璃本身是綠色的 磨砂玻璃是將板玻璃噴砂處理後、再以氟化氫做化學處理，因此表面不易弄髒	門扇、層板
	3	2,438×1,829		
	4	2,438×1,829		
	5	3,780×3,018		
	6	6,056×3,008		
	8	6,046×2,998		
	10	6,046×2,998		
	12	6,046×2,998		
	15	5,996×2,948		
	19	5,996×2,898		
型板玻璃	2	914×813	充滿懷舊風。透視性依距離和花紋而不同	門片
	4	1,829×1,219		
	6	1,829×1,219		
強化玻璃	4	2,000×1,200	抗彎曲、耐衝擊性比平板玻璃強3~5倍。缺點是切口處很脆弱。萬一破碎時會呈粒狀。經過熱強化後無法做開孔等二次加工	門片、層板、頂板、店鋪陳列架
	5	2,400×1,800		
	6	3,600×2,440		
	8	4,500×2,440		
	10			
	12			
	15			
	19			
高透明玻璃	5	3,100×6,000	幾乎無色透明，顏色的重現性高。常用於美術館展示櫃等	店鋪陳列架
	6			
	8			
	10			
	12			
	15			
	19			

圖｜玻璃切面的加工法

磨邊			倒角加工	
銳角磨平	平角	魚板角	斜倒角	寬面倒角
1分＝約3.3mm 銳角	端部整體磨平		取倒角	10mm左右 6mm 2mm
厚度3mm以下的玻璃也可磨平銳角。依面寬做1分或2分的倒角。多使用於層架玻璃、桌板	端部整體磨平。這樣便能磨平銳角。也可做成少許弧度。多使用於層架等處	磨圓成魚板狀。可防止強化玻璃破損。多用於桌板等處，可呈現出高級感	適用於玻璃間的接合。多使用於展示箱、展示櫥窗	將斜倒角做得更大。用於餐具櫃的門片或鏡子等必須裝飾的部分。端部厚度要2mm以上

照片｜玻璃裝飾架

只用玻璃構成的裝飾架。採「UV接著」的特殊技術黏接，完全不會露出接著劑的痕跡。

設計・攝影：STUDIO KAZ

材料與塗料

034
壓克力、PC

> 壓克力的應用範圍日漸擴大。
> 使用壓克力、PC（聚碳酸酯）時都要注意靜電。

超越尋常玻璃的素材

把壓克力視為玻璃的替代品已經是過去式了，現在的觀點是把壓克力看成一種傑出的素材。而壓克力最大的特徵在於透明度很高【表1】，比起相同厚度的玻璃，壓克力更輕巧，多片重疊黏貼也不會損及透明性，這樣的特性使壓克力常被用在水族館的水槽或相片裱板等。

家具上也常用壓克力做裝飾層板或照明的外殼。使用聚合黏著這種特殊方法將多片壓克力重疊接著，就可以讓板材完全一體化，幾乎看不見接縫。此外，和玻璃一樣，光線在壓克力內的直進性很高，從切口進入的光不會在中間發散，可直接穿透到對側的切口。

壓克力的製造方法是將液態的原料形塑成板狀等各種形狀。在形塑的過程中，也可以將外物封入其內。

活用透明性、光線透過性、接著、外物封入等特性，壓克力可以製作出帶有神奇感的家具【照片1】。但缺點則是容易受損，而且因為帶有靜電而容易沾染灰塵，還有就是遇熱會產生收縮或扭曲的現象。

成本相當高

比起壓克力，PC（聚碳酸酯）在耐熱、耐燃、耐衝擊性的表現上都更出色；但透明度較差【表2】。還有，PC不太能做黏接，基本上都是使用螺絲鎖固方式連接。

PC較少像玻璃或壓克力那樣做成平滑的板狀，多半是加工成浪板、瓦楞板、壓紋板等形式。在家具或建築上使用時，通常是先組裝好木製或鋁製框架，再將PC板材嵌入【照片2】。以成本來說，無論是壓克力還是PC，和玻璃相比都會貴到兩倍以上。

照片1 | 使用壓克力的家具案例

梳妝台。將透明壓克力聚合黏著，就能做成可站立的形狀，裡頭嵌入鏡子，彷彿飄浮在空中的梳妝台。

設計‧攝影：STUDIO KAZ

將積層處理過的壓克力塊埋入地面做成的凳子。利用光的直進性、形成只有頂部有影像投影的神奇凳子。

設計‧攝影：STUDIO KAZ

表1 | 壓克力的特性

壓克力的特性	
透明性	透明度為93%，超越玻璃的92%
加工性	加工自由度高，可切斷、開孔、彎曲等。也能以接著劑貼合
耐候性	對陽光、風雨、雪等氣象條件都能發揮優良的耐候性
安全性	耐衝擊性高，萬一破損也不會造成碎片飛散
燃燒性	幾乎和木材一樣。燃點在攝氏400度
比重	1.19
衝擊強度	耐衝擊性是玻璃的10~16倍
其他	發色性佳，顏色變化豐富

照片2 | PC（聚碳酸酯）的使用例

用斷熱性佳的PC製作隔間和門扇。兼具採光與保溫功能。

用製作隔間和門扇的剩材製作貓門。

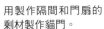

設計‧攝影：STUDIO KAZ

螺旋樓梯周邊環繞著PC波浪板。樓梯裡外設置立燈讓樓梯呈現出光筒般的氛圍。

設計：STUDIO KAZ　攝影：坂本阡弘

表2 | PC（聚碳酸酯）的特性

PC的特性	
透明性	透明度86%（玻璃92%）
加工性	只能以專用接著劑貼合
耐候性	對陽光、風雨、雪等氣象條件都能發揮優良的耐候性
安全性	耐衝擊性高，萬一破損也不會造成碎片飛散
燃燒性	難燃材料
比重	1.2
衝擊強度	耐衝擊性是玻璃的200倍、壓克力的30倍
其他	發色性佳，顏色變化豐富

035
鋼

- 鋼也有各種分類。
- 認識鋼的塗裝種類。

鋼的種類

鋼是在建築、家具的材料中，最為廣泛使用的金屬材料【圖、照片1】，具有強度高、易加工、製品精度高、品質一致性高等特徵。所謂的鋼，指的就是將純鐵混合碳素的碳鋼，依含碳量在性質（硬度）上有所差異。除了碳素之外，還可以添加其他如鎳、鉻、鉬等元素，成為具有特殊性能的合金鋼，例如不鏽鋼就是其中的一種。近年來，也有許多建築的外部會使用熱鍍鋁鋅鋼板（一種在鋼材上鍍鋁或鋅的材料）。

鋼可以被製成板、棒、型（T、I、L型等）、管等不同形狀流通於市面，經過加工及完成面處理後，製作成建築或家具的部件，甚至整體都以鋼建造【照片3】。

鋼的加工和完成面處理

鋼具有適當的韌性和強度，可以用各種方式加工處理。板、棒、管狀的材料可彎曲製成曲線或面；板材又可以延壓成筒狀或碗狀。把金屬加熱熔化注入模具成型的方法，稱為「鑄造」，製成品則稱之為「鑄物」。家具的部件如把手、握把、鎖頭、五金飾品等，很多都是採鑄造方式製作的。

鋼的接合方式有熔接、鉚接、鎖接，或使用特殊接著劑。再者，鋼會持續氧化，所以一定要做完成面處理，最常見的方式就是塗裝【照片2】。現場施作的話，會先做止鏽處理後再塗裝；工廠則是從烤漆塗裝開始，接著依使用目的、放置環境、美觀的需求，來判斷應採取的靜電塗裝、粉體塗裝、電鍍等處理方式。

圖｜在建築或家具上所使用的鋼材種類

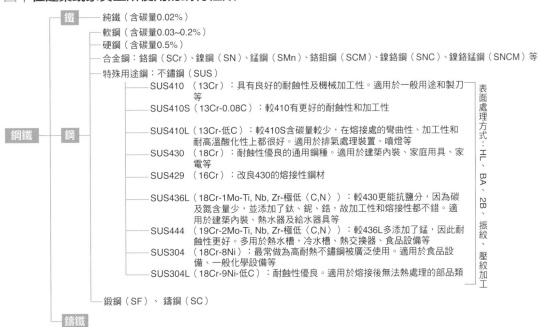

鋼鐵
- 鐵
  - 純鐵（含碳量0.02%）
- 鋼
  - 軟鋼（含碳量0.03~0.2%）
  - 硬鋼（含碳量0.5%）
  - 合金鋼：鉻鋼（SCr）、鎳鋼（SN）、錳鋼（SMn）、鉻鉬鋼（SCM）、鎳鉻鋼（SNC）、鎳鉻錳鋼（SNCM）等
  - 特殊用途鋼：不鏽鋼（SUS）
    - SUS410　（13Cr）：具有良好的耐蝕性及機械加工性。適用於一般用途和製刀等
    - SUS410S（13Cr-0.08C）：較410有更好的耐蝕性和加工性
    - SUS410L（13Cr-低C）：較410S含碳量較少，在熔接處的彎曲性、加工性和耐高溫酸化性上都很好。適用於排氣處理裝置、噴燈等
    - SUS430　（18Cr）：耐蝕性優良的通用鋼種。適用於建築內裝、家庭用具、家電等
    - SUS429　（16Cr）：改良430的熔接性鋼材
    - SUS436L（18Cr-1Mo-Ti, Nb, Zr-極低〈C,N〉）：較430更能抗鹽分，因為碳及氮含量少，並添加了鈦、鈮、鋯，故加工性和熔接性都不錯。適用於建築內裝、熱水器及給水器具等
    - SUS444　（19Cr-2Mo-Ti, Nb, Zr-極低〈C,N〉）：較436L多添加了錳，因此耐蝕性更好。多用於熱水槽、冷水槽、熱交換器、食品設備等
    - SUS304　（18Cr-8Ni）：最常做為高耐熱不鏽鋼被廣泛使用。適用於食品設備、一般化學設備等
    - SUS304L（18Cr-9Ni-低C）：耐蝕性優良。適用於熔接後無法熱處理的部品類
  - 鍛鋼（SF）、鑄鋼（SC）
- 鑄鐵

表面處理方式：HL、BA、2B、振紋、壓紋加工

照片1｜鐵的繽紛樣貌

鐵的各種樣貌。左起：鏽、鏽、黑皮、特殊塗裝。

攝影：STUDIO KAZ

照片2｜鐵鏽風的塗裝

也有仿鐵鏽的塗裝。當然也可塗裝於鐵材上，不用擔心鐵生鏽狀況擴大，也不怕沾到鐵鏽會弄髒。

鐵染匠、鏽匠（鉄錆）　照片提供：ノミック

照片3｜輕鬆好用的鐵鏽貼片

可貼用於家具的鐵鏽貼膜

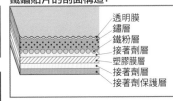

鐵鏽貼片的剖面構造：

透明膜
鏽層
鐵粉層
接著劑層
塑膠膜層
接著劑層
接著劑保護層

將鐵鏽固定於貼片上的商品。可以貼覆在既有的家具或門片上，對裝修家具來說非常好用。

1,100mm　橫向
3,000mm　縱向

鏽鐵有其趣味在，但鐵板上自然生出的鏽可能跟想要的效果不一樣。這時只要使用鐵鏽貼片，就可以挑選喜歡的樣貌。而且即使是木質底材也可以貼覆，相當好用。需注意的是，因為是真的鐵鏽，碰到時還是會沾髒。

鐵鏽貼片　照片提供：株式会社中川ケミカル

036
不鏽鋼

POINT

- 即使是不鏽鋼還是會生鏽。
- 認識不鏽鋼的各種樣貌。

不鏽鋼的種類

所謂的不鏽鋼，是一種以鋼為底、混合鎳或鉻、含碳量低且耐蝕性高的特殊鋼材。依元素組合比例不同，可分為三類，在用途上有所區別。最常做為家具裝修材使用的是 SUS304（18-8 不鏽鋼：添加了18％的鉻、8％的鎳）和 SUS430 這兩種。SUS430 普遍使用於業務用廚房機器【照片1】，和 SUS304 相比較為便宜，且質地軟、易加工，但也較容易產生染鏽的情況。

不鏽鋼的英文是「stainless steel」，即「不生鏽的鋼」，但事實上仍會有從其他鐵製物品等處染鏽的問題，所以注意不要和其他金屬長時間接觸。再者，SUS430 帶有磁性而 SUS304 則無。不鏽鋼的加工是採熔接或鉚接、螺絲鎖固等非接著劑的方式，所以也被視為解決「病態建築」問題的對策，以及環保再生素材的一種【照片2】。

不鏽鋼的完成面處理

不鏽鋼會依用途和設計施以各種不同的完成面處理。代表性的處理方式有 No.4（參照第 34 頁譯注）、髮絲紋（HL）、鏡面（No.8）、振紋等，各自都有其獨特的風貌。此外，也可以在不鏽鋼的表面施加塗裝，只是塗料無法附著在未經處理的不鏽鋼上，一定要先經過「脫脂處理」並打毛表面、上完底漆後，才能做氟系、壓克力系塗裝或搪瓷烤漆處理【照片3】。可以想像這些繁複的工序是難以在現場施作的，基本上都需要在工廠進行烤漆塗裝。

其他也有透過藥水處理，使不鏽鋼產生化學發色的「彩色不鏽鋼」材料。

照片1｜全不鏽鋼廚房

①中島廚房

②台面板

台面板使用4mm厚的SUS304不鏽鋼板。完成面採振紋處理，切口則以800號砂紙砂磨。

全部以不鏽鋼製作的廚房。因為只靠熔接、鉚接組裝，完全不會釋出甲醛等有害物質，可說是對健康和環境都很友善的家具。櫃體採用加工性良好的SUS430不鏽鋼，並施以No.4完成面處理。

設計：今永環境計画＋STUDIO KAZ　攝影：STUDIO KAZ

照片3｜搪瓷烤漆的完成面處理

在不鏽鋼上施作搪瓷烤漆完成面處理的水槽。具有和不鏽鋼水槽相同的彈力性及輕量性，只需用洗碗精和菜瓜布就可以保養，搪瓷完成面也不會像不鏽鋼般用久會霧黑黑的，即使放置高溫的平底鍋也沒有問題。

COMO不鏽鋼水槽　照片提供：SELECT

照片2｜不鏽鋼凳

和廚房搭配的凳子。凳腳是用13mm和8mm的不鏽鋼管構成，可同時實現輕量性和高荷重的需求。

設計·攝影：STUDIO KAZ

1
2
3

材料與塗料

4
5
6

037
其他金屬

POINT

- 了解各種金屬的樣貌和特性。
- 將各式各樣的金屬納入家具中。

鋁

鋁是比鋼或不鏽鋼便宜的材料【圖1】。因為質地非常軟、抗張力很弱，幾乎不會使用在結構上需要承重的部位。鋁的魅力在於柔軟的樣貌和良好的發色【照片1】，沒有像不鏽鋼那般閃閃發光的印象。一般多會使用添加矽及鎂的鋁合金，以板狀、管狀、棒狀、擠型等形式流通於市面。除了塗料附著性良好之外，透過陽極處理或染色等方式，還可以做出多樣的色調，這也是鋁的魅力所在【照片2】。此外，鋁也是容易回收的材料。

鋁的缺點在於熔點低、很難做熔接處理；而且，在端部做小圓角的部分很容易斷裂破損，因此不適合做彎曲加工。

銅、黃銅、鈦、鉛

銅是人類自古以來就很熟悉的材料。雖然本身顏色及光澤都很美，但氧化後黝黑的樣貌及銅綠，更是受人喜愛的所在【照片3、4】。因為強度較差，不適合使用於結構的部位。

黃銅是指銅鋅合金，因為可以沖壓，所以常使用於建築和家具上。管狀或棒狀的產品也多用於裝飾材料中；也可以鑄造方式製作把手或握把。

鈦在耐蝕、耐熱及強度上的表現都很優異，質量也輕。雖然市面上有板材、管材、棒材等產品可供選用，但畢竟是屬於高價位的材料，必須考量成本問題。

鉛因為比重高，多被使用為放射線室的輻射隔斷或隔音材料。雖然表面很快就會氧化變黑，但也有喜歡那種風貌的人。鉛柔軟到用手便能彎折的程度，使得鉛也可以張貼於家具上。不過，因為有鉛中毒的疑慮，現在已經幾乎不使用在家具上了。

圖1｜主要的非鐵金屬種類

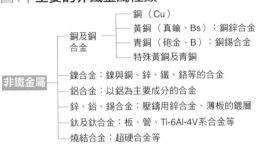

非鐵金屬
- 銅及銅合金
  - 銅（Cu）
  - 黃銅（真鍮、Bs）：銅鋅合金
  - 青銅（砲金、B）：銅錫合金
  - 特殊黃銅及青銅
- 鎳合金：鎳與銅、鋅、鐵、鉻等的合金
- 鋁合金：以鋁為主要成分的合金
- 鋅、鉛、錫合金：壓鑄用鋅合金、薄板的鍍層
- 鈦及鈦合金：板、管、Ti-6Al-4V系合金等
- 燒結合金：超硬合金等

照片1｜使用鋁的沙發

在結構上使用鋁板的沙發。具備鋁特有的柔軟質感和俐落外形。

30072 AIR FRAME MID sofa（單人用）
照片提供：カッシーナ・イクスシー

照片2｜鋁的染色樣本集

鋁的魅力在於良好的發色性。依照浸泡電解液的時間不同、產生的顏色濃度也會有變化。

攝影：STUDIO KAZ

照片3｜在家具上也可以張貼的銅綠貼片

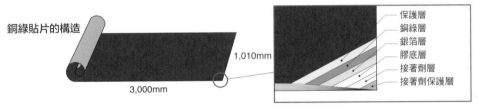

銅綠貼片的構造

1,010mm
3,000mm

- 保護層
- 銅綠層
- 銀箔層
- 膠底層
- 接著劑層
- 接著劑保護層

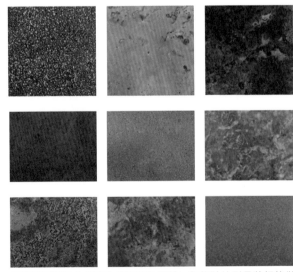

銅綠就是銅氧化後產生的青綠色銅鏽，銅綠貼片則是將銅綠做成膠膜狀的商品。由於氧化鏽是持續進行的，為了能夠漂亮地做出完成面，底材要盡可能地使用平滑的材料。

照片提供：株式会社中川ケミカル

照片4｜銅綠風的塗裝

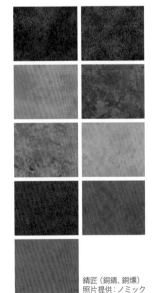

錆匠（銅錆、銅燻）
照片提供：ノミック

1
2
3
材料與塗料
4
5
6

038
天然石材

POINT
- 認識天然石材的風貌和種類
- 認識天然石材的特性，並依用途分別使用

天然石材的種類

天然石材最大的特色在於令人印象深刻的高級感【照片1、2】，以及具有壓倒其他一切的存在感。再者，除了具備不可燃性、耐久性、耐磨耗性、耐酸性外，在強度表現方面也很優秀，因此主要做為高級完成面材使用。石材的缺點則有加工性差、不耐衝擊、價格高、重量大、無法取得大尺寸的材料等。

天然石材依其組成，可大致分為火成岩、層積岩、變質岩三類【表】。雖然日本的採石場逐漸減少，但稻田石、大谷石、伊豆若草石、十和田石、多胡石等都相當有名。不過，以現在來說，90%以上的天然石材都是進口產品。

裝修家具中最常使用石材的部位就屬台面，也適用於廚房和洗臉台、廁所等用水區域。不過，像大理石、砂岩、石灰石等石材，因為較怕酸蝕且具有吸水性，被認為不適用於廚房。另一方面，石材的比重高、耐震動，也有人拿來做為擴音設備（喇叭）的底座。石材在建材上多半是裁切成磁磚狀；但用在家具上的話，大多是採大尺寸的切板。

石材的完成面處理方式

石材依種類不同，在完成面的處理上會有所限制，但透過完成面處理呈現出不同的風貌，也是天然石材的魅力之一。大多時候會採用打磨出光澤的「光面」，最近也常見抑制光澤、只呈現平滑面的「水沖面」手法。家具的水平面多半採用這兩種打磨方式，但在垂直面上也有採粗磨的完成面處理。此外還有用火高溫灼燒表面的「燒面處理」、利用鐵鎚敲擊產生的「鑿面」，或採用噴砂處理。表現自然風的「自然面」做法也相當受歡迎。

表｜主要的石材種類和性質、用途、完成面處理方式

分類	種類	主要的石材名稱	性質	用途	適合的完成面處理
火成岩	花崗岩	（通稱御影石） 白色——稻田／北木／真壁 茶色——惠那錆 粉紅——萬成／朝鮮萬成（韓國）／粉紅波麗露（西班牙） 紅——小翠紅（瑞典）／桃花心木紅（美國） 黑——浮金／折壁／藍珍珠（瑞典）／加拿大黑（加拿大）／貝爾法斯特（南非）	硬質、具耐久性、耐磨性高	〔板石〕地板、牆內外裝修、樓梯、桌面、其他	水沖面 光面 自然面 燒面 小劈面 荔枝面 刷面 磨菇面
火成岩	安山岩	小松石／鐵平石／白丁場	玻璃質的細緻結晶、硬質、暗色調、耐磨性高、浮石的隔熱性大	〔板石〕地板、牆室外裝修；〔角石〕石牆基礎	水沖面 自然面
水成岩（層積岩）	黏板岩	玄昌石／仙台石，還有其他多種中國產石材	層狀剝裂、暗色調、帶光澤、吸水性低、質地強	鋪設屋頂地板牆壁	自然面 水沖面
水成岩（層積岩）	砂岩	多胡石／米沙岩、紅砂岩（印度）	無光澤、吸水性高、易磨損、不耐髒	地板 牆壁 室外裝修	粗磨 自然面
水成岩（層積岩）	凝灰岩	大谷石	質軟且輕吸水性高、不耐久、耐火性強、脆	牆壁內裝 爐具、倉庫	小劈面 機切紋
變質岩	大理石	白——霰／卡拉拉白（義大利）／銀狐（舊南斯拉夫） 膚色——舊米黃・淡米黃（義大利） 粉紅——玫瑰紅（葡萄牙）／挪威紅（挪威） 紅色——亞細亞哥紅（義大利）／紅波紋（中國） 黑色——黑金花（義大利）／殘雪（中國） 綠色——深綠（中國） 孔石——特級白洞石（義大利）／田皆 瑪瑙——琥珀黃玉（舊南斯拉夫）／富山瑪瑙	石灰岩經高熱高壓結晶而成，光澤美麗、質地堅硬緊密、耐久性普通、抗酸性弱、在屋外會漸漸失去光澤	內裝地板、牆壁、桌頂板	水沖面 光面
變質岩	蛇紋岩	蛇紋／貴蛇紋	類似大理石，磨光後黑、濃綠、白色的樣子很美	內裝地板、牆壁	水沖面 光面
人造石	人造大理石	種石——大理石／蛇紋岩		內裝地板、牆壁	水沖面 光面
人造石	擬石	種石——花崗岩／安山岩		地板、牆壁	小劈面

※石材名稱會隨廠商而有不同。

照片1｜表情豐富的石材

在日本宮城縣開採的伊達冠石。像實木板般帶有原始邊緣是其特徵。常用於雕刻。石頭內的鐵質在接觸到空氣後，經年累月變成鏽化鐵，呈現出鐵鏽般的顏色，卻又不太會失去光澤，表情相當豐富。若只用在雕刻或墓碑上相當可惜，但缺點是無法取得大面積材料。

攝影：STUDIO KAZ

照片2｜貼覆天然石材的層架

電視收納的裝飾層架。將天然黏板岩薄切成1.2~1.8mm的貼膜狀建材（天然石貼片）貼覆在木底材上製作而成。

設計・攝影：STUDIO KAZ

039
人工石材

> ● 壓克力系人工大理石已成為廚房台面的主流。
> ● 石英系人造大理石逐漸受到注目。

壓克力系人工大理石

　　談到人工製成的石材，首先想到的大概就是人造大理石（Terrazzo）吧。人造大理石是以天然大理石或花崗岩的碎片為種石，混入調色過的水泥後，在施工現場經過多次磨光製作而成。然而，因為施工的手續繁雜，最近已經不大看得到了。

　　以大理石的替代品之姿登場的，是以壓克力樹脂或聚酯樹脂為主要成分、被稱為人工大理石的材料。其中，使用甲基丙烯酸樹脂（壓克力樹脂的一種）製成的人工大理石，不論在耐熱性和耐磨耗性上的表現都很優異。又因為可以在現場裁切，接縫也可以做到幾乎看不見，在現今的廚房工作台中擁有相當大的市占率。

　　不過，與天然石材相比，人工大理石質地軟、容易損傷，也比較不耐熱、屬於可燃物，無法取得不燃材料認證，因此在廚房壁面的使用上必須特別注意。在 20 年前，人工大理石的製造商還很少，近年來已經有許多家廠商推出這類型的商品了【照片1】。

石英系人造大理石

　　這幾年市場上出現的人氣產品是石英系人造大理石【照片2】。這是以樹脂做為連結材、將水晶等天然石材的結晶混合後，再依壓縮、打磨工序做完成面處理。製作方法和人造大理石相似，在保留天然石材風味的同時，也改善了天然石材吸水及不耐衝擊的缺點。在歐洲的廚具展中，比壓克力系人工大理石更受歡迎【表】。處理方式和天然石材相同，雖然還不能做到無縫接著，但相較於天然石材，還是能更漂亮地完成接合。

　　這種材料也還沒取得不燃材料認證，必須注意使用的處所。

照片1 | 壓克力系人工大理石

利用壓克力系人工大理石的剩材（例如水槽開孔的部分等）做成的花插。
設計・攝影：STUDIO KAZ

將壓克力系人工大理石做為頂板的裝修廚具。門片使用美耐板。
設計：今永環境計画＋STUDIO KAZ
攝影：STUDIO KAZ

頂板將人工大理石的厚度原味呈現，給人一種俐落的印象。
設計：今永環境計画＋STUDIO KAZ
攝影：STUDIO KAZ

照片2 | 石英系人造大理石的台面

石英系人造大理石將會成為今後廚具的主流。
攝影提供：大日化成

利用石英系人造大理石加工而成的水槽。雖不到壓克力系人工大理石的程度，但還是遠比天然石材更能漂亮地接著。
攝影提供：大日化成

使用石英系人造大理石製作頂板的廚具（國外案例）。
照片提供：大日化成

表 | 天然石材和人工大理石、人造大理石的性能比較

材料比較		耐衝擊性	彎曲強度	耐化學藥品性	耐褪色性	耐磨耗性
天然石材	花崗岩	◎	○	○	◎	◎
	大理石	○	○	△	○	○
壓克力系人工大理石		○	○	○	○	△
石英系人造大理石		◎	◎	◎	◎	◎

◎：強 ○：中等 △：低

040
磁磚

磁磚的貼法和接縫顏色會明顯改變整體氣氛。
以磁磚縫決定家具的尺寸。

磁磚的種類

所謂的磁磚是指：「以天然黏土或岩石所含之石英、長石等為原料，燒成薄板狀的陶瓷品總稱」。磁磚在耐火性、耐久性、耐藥性、耐候性上都很優秀；不過也有不耐衝擊、尺寸精度不佳等的缺點。

常見的磁磚形狀多半是正方形或長方形，其他也有多邊形或圓形的產品。顏色非常多樣，也能看出各個產地的特色。一塊磁磚的大小從 10mm² 到 600×1,200mm 都有，一般來說，小於 50 mm² 的稱為馬賽克磚。

磁磚通常是以用途、材料性質【表】、完成面處理（有無上釉）、形狀尺寸、工法等來分類。雖然磁磚並不常用在家具上，但還是有機會使用到，比如說貼在鄉村風台面上的做法。這時，為了避免端部破損，會在端部環繞一圈木框來保護，或使用稱為收邊磚的專用 L 型磁磚。

磁磚縫是關鍵

磁磚縫有阻止水分滲入磁磚背面、防止磁磚剝離或浮起的功能，以及將燒製精度不佳的磁磚清楚地分隔開來（吸收材料誤差）的施工性作用。不僅如此，磁磚縫對設計上來說也很重要，不僅能讓表面以整齊的磁磚縫（網目狀）構成平面【圖2】，也能透過磁磚和磁磚縫間的凹凸強調出立體感。此時磁磚縫的顏色、粗細、種類等，就會成為設計重點【圖1】。最近各廠商都增加了磁磚縫顏色的種類，選擇較以往寬廣許多。雖然仍無法完美地避免磁磚縫龜裂的問題，但透過使用環氧樹脂系的特殊樹脂，可讓磁磚縫透過樹脂的伸縮性、減輕龜裂的情況。

表│磁磚的種類

材料的性質	吸水率	燒成溫度	日本產地	進口磁磚產地
磁質	1%	1,250℃以上	有田、瀨戶、多治見、京都	義大利、英國、法國、德國、西班牙、荷蘭、中國、韓國
石質	5%	1,250℃左右	常滑、瀨戶、信樂	
陶質	22%	1,000℃以上	有田、瀨戶、多治見、京都	

圖1│磁磚縫的種類

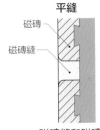 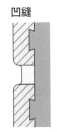 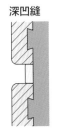 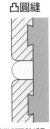 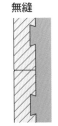

平縫
磁磚
磁磚縫
磁磚縫和磁磚表面做成平面，沒有凹凸

凹縫
磁磚縫比磁磚面的位置低。具有立體感

深凹縫
磁磚縫比凹縫更深，立體感更強

凸圓縫
讓斷面膨脹成圓弧狀、和磁磚面同高的磁磚縫。常見於砌磚，但最近幾乎不大看得到

無縫
磁磚彼此無縫相接。但因磁磚本身的精度不佳，會無法完全密接

圖2│磁磚的貼法

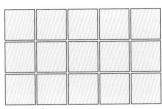 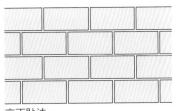

格子貼法

交丁貼法

照片1│貼覆馬賽克磁磚的開放層架

貼覆馬賽克磁磚的廁所開放式層架。一個個壁龕的尺寸是以衛生紙的大小為基礎，並搭配磁磚分割後的效果設定的。

照片2│貼磁磚的店鋪接待櫃台

貼磁磚的店鋪接待櫃台。頂板是人工大理石，下方是木紋美耐板，腰帶部分貼磁磚，並在腳邊設置照明。

設計：STUDIO KAZ　攝影：垂見孔士（照片1、2）

1
2
3

材料與塗料

4
5
6

041
皮革、布料

POINT

- 將天然皮革和合成皮分開使用。
- 除了沙發之外，天然皮革、合成皮革、布料也可用在其他家具上。

天然皮革與合成皮革

在裝修家具中使用的材料，除了前文所介紹的之外，還有皮革、布料、日本紙等。雖然一般講到皮革時指的是真皮，但基於價格、保養、愛護動物等理由，採用仿真皮質感的合成皮革和塑膠皮的情況也逐漸變多了【照片3】。天然皮革主要是指牛皮【照片1】，但其他也有豬皮、馬皮、羊皮等。或者也有使用毛皮的家具【照片2】。在實際應用上，沙發的貼覆面積大，材料的損耗較少，但成本上還是讓人在意。書桌或電視櫃為了營造出高級感，會在頂板貼覆硬質皮革。其他在扶手等木料上滾上皮料，也會使觸感提升。

合成皮革和塑膠皮嚴格來說是不同的東西，但兩者都會在底布上貼覆PVC薄片。合成皮會再進一步貼覆聚醯胺（PA）或聚氨酯（PU）貼片。兩種材料在顏色、花紋、質感等的選擇上變化多樣，配合預算和用途的選擇範圍相當大。

布料

沙發也常使用布料做為表面包覆材。和窗簾不同的地方在於，沙發有耐磨耗的性能需求，因此必須使用專門的胚布料【照片4】。

天然皮革、合成皮革、布料等也可以用在門片的面板和壁板上。採用平貼或者凸面貼（用軟質皮革或布料包覆填塞緩衝材），其中凸面貼可施作車縫線或刺繡加工，讓表面更具裝飾性。

再者，用透明玻璃夾住布料的產品稱做「纖維玻璃」。雖然並非任何布料都可以這樣做，但還是有選擇的空間。纖維玻璃可以嵌入門片、或做成隔板等，可使用的範圍很廣。

照片1 | 使用皮革的沙發

Grand confort（LC2）
設計者：柯比意（Le Corbusier）、夏洛特・
貝里安（Charlotte Perriand）、皮耶・江奈瑞
（Pierre Jeanneret）
發表年：1928
將靠背、椅座、扶手的填充材放入鋼管框架
內、以最小的構成實現最高的舒適性。

LC2（柯比意） 照片提供：カッシーナ・イクスシー

照片2 | 使用毛皮的沙發

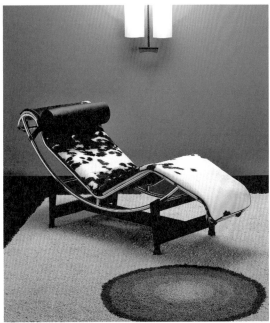

Chaise longue（LC4）
設計者：柯比意（Le Corbusier）、皮耶・江奈瑞（Pierre
Jeanneret）、夏洛特・貝里安（Charlotte Perriand）
發表年：1928
利用弧形鋼管和柯比意獨特的身體曲線所構成的躺椅。這
張使用毛皮的椅子相當有名。

LC4（柯比意） 照片提供：カッシーナ・イクスシー

照片3 | 使用塑膠皮的沙發

包覆SANGETSU塑膠皮的沙發。

照片提供：サンゲツ

照片4 | 布料的樣本

椅子用布料的顏色花樣都很豐富。和窗簾比起
來，椅子會更要求耐久性。

攝影：STUDIO KAZ　樣本提供：インターファブリックス

042
紙、薄片材

POINT

- 要注意日本紙的尺寸和建材的模組化尺寸不同。
- 使用薄片材要想像實際貼覆的狀態。

紙系材料

日本紙也可以用在裝飾門片上【照片3】。在木底材上貼日本紙，接著施作聚酯塗裝後、再做鏡面加工處理。此時，要注意日本紙的尺寸和建材的標準尺寸並不相同。日本紙的尺寸很小，如果是大門片的話，無法用一張鋪滿，一定會有接續的部分。雖然一般貼覆日本紙的時候是採重疊貼覆，但也必須設計連接線的部分，常見的有分割縫、V型溝、分割材（不鏽鋼等）、重疊等方法。此外，日本紙也常被用做照明器具的燈罩【照片1】。除了日本紙外，瓦楞紙板也因為強度高的特性，被當做家具的結構材使用【照片2】。

薄片系材料

在家具使用的薄片材可分為 PVC 系和非 PVC 系薄片材兩種。著名的 PVC 系薄片材有 3M 出品的 DI-NOC、C.I. 化成的 BELBIEN、中川化工的卡點西德等。這些產品各有特色，可依照需求分別使用。近來隨著印刷技術的長足進步，木紋的花樣寫實到幾可亂真的地步，連木材導管的凹凸等質感都能忠實呈現，特別是生產 DI-NOC 貼片的 3M 和化妝板廠商 IBIDEN 有共同使用的花紋樣式，讓壁面和家具可以做完美的搭配。

另一方面，也有在玻璃上貼片的做法【照片4】，這類貼片在透明度或顏色、花紋方面有很多選擇。照明使用玻璃護罩時，只要貼上半透明的貼片，就可以調整光的呈現方式或反射在天花板、地板上的光形。貼片也具有玻璃破碎時防止碎片飛散的功能，因此即使是透明玻璃就已足夠的地方，也最好再貼一層透明貼片。

照片1 | 使用日本紙的照明器具

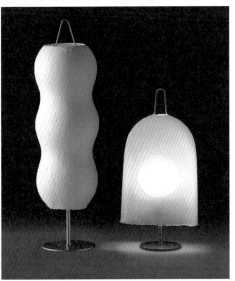

AOYA-San / Tsuki
設計者：喜多俊之
發表年：2005

照片提供：谷口・青谷和紙株式会社

照片2 | 使用瓦楞紙的家具

瓦楞紙椅　扭扭椅（Wiggle Side Chair）
設計者：法蘭克・蓋瑞（Frank Owen Gehry）
發表年：1972 / 2005年
生產商：Vitra

照片提供：hhstyle.com

照片3 | 門片上張貼日本紙的收納家具

因為日本紙的尺寸比門片小，在門扇上設置V型溝縫，以
便做日本紙的接合。

設計・攝影：STUDIO KAZ

溝縫（日本紙重疊部分）部分詳圖

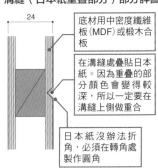

像畫S曲線般地設置V型溝縫，成為設計的一部分

24

底材用中密度纖維板（MDF）或椴木合板

在溝縫處疊貼日本紙。因為重疊的部分顏色會變得較深，所以一定要在溝縫上側做重合

日本紙沒辦法折角，必須在轉角處製作圓角

照片4 | 張貼特殊貼片的案例

將漸層透明的貼片使用在隔間的案例。靠近
地板處僅讓光通過、無法看清剪影；超過
FL+1,000mm高度時，透明度會漸漸增加；
直到天花附近變成完全透明。隔間內外均採
用相同裝修手法。

設計：STUDIO KAZ　攝影：山本まりこ

043
塗料

POINT

- **依塗裝的目的分別使用塗料。**
- **了解自然塗料。**

塗膜型和滲透型

使用化妝板以外的材料製作裝修家具，一定會以塗裝做最後的完成面處理。家具中所使用塗料，可分為在木材表面形成塗膜、以及滲透至木材內部的兩種類型。塗膜型的有清漆塗料、PU 塗料、聚酯塗料、UV 硬化塗料等。因為 UV 硬化塗料完全採機械施工，聚酯塗料在打磨等工序上也是依賴機械處理，所以必須在工廠內施作。PU 塗料基本上也是在工廠施作，若要在工地現場進行噴塗，就必須充分做好遮蓋保護措施。

滲透型塗料

滲透型塗料是讓油質滲透進木材，不會在表面形成塗膜，以強調出木材本身的質感，風味也會隨著時間逐漸加深。可以說是活化木材本身美感的塗料。常見的產品有 WATCO 油【照片 4】、柚木油、亞麻仁油、桐油【照片 3】等，油質滲入木頭後產生的「透濕色」會使木紋清楚呈現。然而，如果是表面貼木貼皮的夾層版，因為木貼皮厚度很薄（0.2~0.4mm），即使油質滲透也不會有效果。再者，以 OSMO【照片 1】、LIVOS、AURO 為代表的自然塗料也受到使用者歡迎【表】。日本古早的自然塗料則有柿澀【照片 2】和大漆【照片 5】，其中柿澀具有防蟲、防腐、防水、抗菌的功效。

最近廣受注目的則是被稱為「液態玻璃塗料」的產品，這種塗料是讓液體狀的玻璃滲透入木材內產生玻璃層，使木材表面上看起來像是沒施作塗裝，同時又能解決木材耐污、耐久、耐磨耗等弱點。不過，無論如何因為是滲透型塗料的緣故，還是用在實木板的效果最好，但若用在夾層板，效果就不太能期待了。

表 | 自然系塗料清單

塗料名稱	材料特徵	進口、製造商
OSMO彩色塗料	以葵花仔油、大豆油等植物油為基底的塗料	日本OSMO
AURO自然塗料	100%天然原料的德國製自然塗料	INUI
自然塗料ESHA	以亞麻仁油、桐油、紅花油、萜烯等天然材料製成的日本塗料	TURNER色彩株式會社
LIVOS自然塗料油性保護漆	徹底追求健康和環保所誕生的自然健康塗料。以亞麻仁油等為基本原料	池田CORP.
PLANET COLOR	使用100%植物油和蠟製作的天然木材用保護塗料	PLANET日本

照片1 | OSMO彩色塗料

提到自然塗料，最具代表性的就是OSMO公司的產品。有強調木紋的透明／半透明塗料，也有全覆蓋塗裝用的產品，既好處理也好施塗。但擦拭的布塊有可能會自燃，處理時要非常注意。

照片提供：日本オスモ

照片2 | 柿澀

日本自古以來使用的塗料。有防蟲、防腐、防水、抗菌的效果。

照片提供：トミヤマ

照片3 | 桐油

從桐樹種子萃取的植物油。可漂亮地表現出木質的風貌。最適合用在實木板上。

照片提供：木童

照片4 | WATCO油

以亞麻仁油為主體的英國塗料。具有消光性，完成面的顯濕感為其特徵。

照片提供：HOXAN

照片5 | 塗裝作業中的塗料

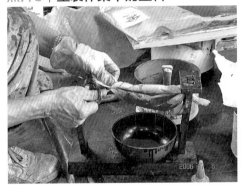

對大漆的塗裝作業來說，作業環境相當重要。必須在嚴格控制的溫度和濕度下施作。

照片提供：ニシザキ工芸

把鋼當做結構來使用

照片 | re-kitchen/o

懸挑的台面僅靠特製的托座支撐。

台面安裝剖面詳圖 [S=1：6]

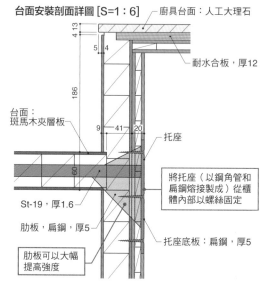

廚具台面：人工大理石

耐水合板，厚12

台面：
斑馬木夾層板

托座

將托座（以鋼角管和
扁鋼熔接製成）從櫃
體內部以螺絲固定

St-19，厚1.6

肋板，扁鋼，厚5

托座底板：扁鋼，厚5

肋板可以大幅
提高強度

設計‧攝影：STUDIO KAZ

　　鋼製部材常使用在木製家具的結構上。比如說為了使大跨距的層板不要扭曲，層板會採用木心板，而不用中空合板。如果這樣仍嫌強度不足，就會將對應層架托位置的側板板心，改以鋼管來代替。

　　再者，也有將較重的吊櫃背板和底板以L型的熔接鋼管來支撐的例子。

　　照片的案例是廚房的台面。縱深最大到達710mm，其他地方也有500mm。光靠櫃體的托塊並無法支撐這麼大的台面，所以從櫃體內部插入熔接製成的T型鋼管。如此一來，就可以將整個櫃體轉換成支撐台面的結構，支撐住這個懸挑的台面。

　　雖然在台面和層板下方裝設支撐架就可以解決問題，但為追求美感而決定採取這種處理手法。這樣的設計必須解決木頭和鋼材之間的密合性等問題，很難在工地現場處理，可說是家具工事才能勝任的精密作業。

Chapter 4
家具五金

044
五金的種類

經常查閱最新的型錄。

有效活用 CAD 檔案。

五金的分類

　　家具五金大略可分為設計系五金和機能系五金兩種【圖】。設計系五金有把手或握把，日式家具常見的裝飾五金正屬此類，以材質和顏色的協調性在裝修家具中占有一席之地。當然，也有像把手一樣兼具機能性的部件。另一方面，機能系五金是由各廠商開發，用來控制或輔助家具的活動，讓家具方便好用、或為了解決家具製作問題的產品。這類產品一直不斷在推陳出新。

善用型錄收集和整理情報

　　很多廠商都有生產裝修家具使用的五金，想要了解全部產品是不可能的，但只要能掌握幾家主要廠商，大致上就可涵蓋整體。不過，即使只是這些廠商，在種類、件數、變化樣式上還是很龐大的數量；而且有時也必須使用到建築（門扇）五金。因此最好能養成以型錄等方式整理資訊的習慣【照片】。家具業者常會建議客戶使用他們庫存的現有五金，這時候也要清楚表明是否接受。

　　關於五金，要掌握好標準收整、安裝以及家具的活動方式。標準收整方式可以利用型錄的圖面或廠商的確認圖來核對。最近也有可提供 CAD 圖的廠商，好好活用的話，便可以做出精確的設計。透過了解五金的安裝方法、和部材之間的關係、活動方式等，甚至可以發現與標準收整方式不同的做法（並非改造等會損害到產品保固的做法）。在收整上多用心，可以讓家具更漂亮地融入於空間中。

圖｜家具五金的種類

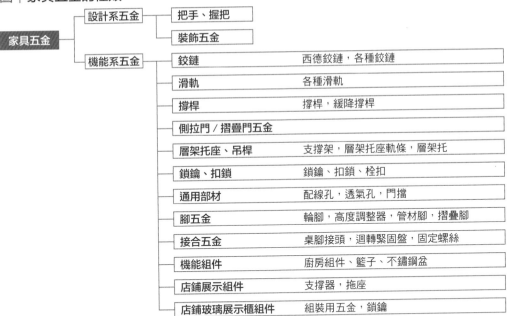

家具五金
- 設計系五金
  - 把手、握把
  - 裝飾五金
- 機能系五金
  - 鉸鏈 — 西德鉸鏈，各種鉸鏈
  - 滑軌 — 各種滑軌
  - 撐桿 — 撐桿，緩降撐桿
  - 側拉門／摺疊門五金
  - 層架托座、吊桿 — 支撐架，層架托座軌條，層架托
  - 鎖鑰、扣鎖 — 鎖鑰、扣鎖、栓扣
  - 通用部材 — 配線孔，透氣孔，門擋
  - 腳五金 — 輪腳，高度調整器，管材腳，摺疊腳
  - 接合五金 — 桌腳接頭，迴轉緊固盤，固定螺絲
  - 機能組件 — 廚房組件、籃子、不鏽鋼盆
  - 店鋪展示組件 — 支撐器，拖座
  - 店鋪玻璃展示櫃組件 — 組裝用五金，鎖鑰

照片｜五金廠商的型錄

五金廠商的型錄一經修訂就會變厚。光是這些增加的產品數量就已經很難全部掌握，但還是希望平時就能盡量瀏覽。

（下：Häfele、右上：Murakosh精工　右下：Sugatsune工業）

參考廠商
Häfele Japan：http://www.hafele.co.jp
Murakosh精工：http://www.murakoshiseikou.com
Sugatsune工業：http://www.sugatsune.co.jp

家具五金～開啟用

- 了解鉸鏈的形狀和活動方式。
- 了解各種門片的開啟方式及相對應的五金。

各式各樣的鉸鏈

家具門片的開閉方式，可分為六種主要的類型（側拉門除外），各自都有其專用的五金【圖、照片】。以使用在平開門的鉸鏈為例，最現代化的產品就屬西德鉸鏈，其特徵是門片關上後鉸鏈不會露出。活動原理是以數個迴轉軸的複雜運動來進行開閉，除了一般常見的半蓋式、全蓋式、入柱之外，還有角隅用及非直角用、玻璃用等多種類型可供選擇。依廠商不同，也有在間隙調整、精度、耐久性上具有差異的產品。其他還有像蝴蝶片鉸鏈或長鉸鏈（鋼琴鉸鏈）、P鉸鏈、隱藏鉸鏈等，這些都可視為小型版的門框五金。

實際運用上，要讓門片做180度全開時，基本上會使用埋入方式安裝鉸鏈。像摺疊寫字桌般倒開的下翻式門片，則會使用下落式鉸鏈，這時需注意鉸鏈的遮蓋量，並調整安裝鉸鏈的門片收整，也務必搭配門片撐桿使用。其他也有在收整成斜角的門片固定側使用簡易式隱藏鉸鏈的例子。

最近附有緩閉機制的產品很多，最新的西德鉸鏈裡也開始內建這項功能。即便是使用其他種類的鉸鏈，也可在櫃體切口或側板處安裝阻尼器達到相同效果。

特殊開啟方式的門片

單純平開式之外的開啟方式，多半會使用於廚房。廚房裡經常會有開啟家具門片的需求，而門片開啟後要保持在什麼樣的狀態上，往往都需要在相關的五金上下足工夫。這些五金只用在廚房也太可惜了，像是洗臉脫衣室等狹小空間裡也可以多加利用，還可以讓電視收納的門片在使用時保持開啟狀態。最後，音響收納中也常有特殊門片的需求，這也是另一項需要在門片開啟方式上花工夫的收納領域。

圖│門片的開啟方式

平開門

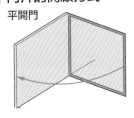

一般的開閉門。必須注意門片的寬度

下翻式門片

在寫字桌、廚房家電收納櫃上使用。使用於寫字桌時必須在下部裝設可承受垂直重力的輔助設施。此外，視聽收納等其他領域也可使用這種方法。

上掀式門片

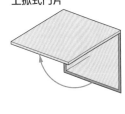

側滑式門片

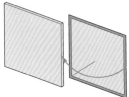

適用於臉部高度的收納，或門片大且常以開啟狀態使用的場合。例如廚房的收納等。

水平摺疊門

適用於前方有障礙物、且門片無法平放的收納。例如浴廁、廚房、電視收納等。

上滑式門片

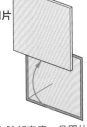

適用於在臉部高度、且門片常以開啟狀態使用的收納。如廚房、家電收納等。

照片│家具用鉸鏈的種類

下落式鉸鏈
（下翻門用）

①

緩閉撐桿
（下翻門用、上掀門用）

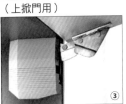
②

上掀用撐桿
（上掀門用）

③

水平摺疊門撐桿
（水平摺疊門用）

④

西德鉸鏈（平開門用）

⑤

側滑式門片五金（滑開式鉸鏈）

⑥

側滑門的開閉活動方式（左）。這種滑開式五金也可以裝設觸動開啟機制（右）。

上滑開式撐桿（側滑門用）

⑦

上掀式撐桿（上掀門用）

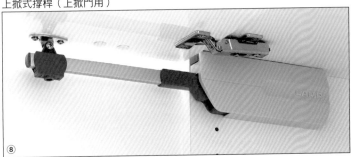
⑧

照片提供：Häfele（①③④⑦）、スガツネ工業（②⑤⑥⑧）

046
家具五金～停止用

搭配使用撐桿

除了最常見的平開門之外，其他種類的門片大多會搭配撐桿使用。撐桿主要可分為兩類：一種是單純用來保持開啟狀態的撐桿；以及為了緩和開閉動作的起始和終結階段而附有阻尼器的撐桿。最近為了預防意外事故，愈來愈多門片採用附阻尼器的撐桿。這類撐桿必須配合門片的重量來選擇若阻尼器強度，否則反而容易讓操作變得不順暢。若阻尼器的強度太強，要花很多時間才能打開門片；太弱，則失去了阻尼器的意義。可見掌握門片的重量是非常重要的事。

無論是採用何種開啟方式，門片開啟時的軌跡及開啟後的位置都要確實掌握好。除了開啟過程中可能會有的障礙之外，特別要留意垂直開啟的門片可能會造成使用者必須後仰、或者被開啟的門片遮住視線導致看不到櫃體內部的情形【圖1】。

另一點要注意的是，所有的撐桿預設的耐重值，都不能高於門片本身的重量。

比如說，一般撐桿無法承受像摺疊寫字桌等將層板放下後，在上面放置物品，或者將身體靠上去的載重。

注意五金本體的大小

令人意外地，五金本體的大小很容易被遺忘。特別是撐桿和撐桿必要的活動軌跡，會在收納櫃體內占去一定的空間【圖2】。當櫃體空間剛好等於收納物的尺寸時，很容易發生五金活動時撞到收納物導致無法關門的失敗案例。甚至也可能發生關門時五金的高度過高，而撞到櫃體層板的情形。

另外也很容易忘掉的是，使用西德鉸鏈的門片在開啟時，會有一小部分門片留在內側，這時若採用全蓋式，鉸鏈本身的高度約 22mm，如此一來，門片大約會凸出 15mm 左右。特別是設計內部抽屜或者掛籃之類的時候，一定要考量尺寸的問題。

圖1 | 確認門片開啟時的位置

上滑門的失敗案例

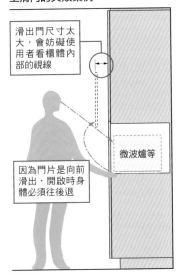

滑出門尺寸太大，會妨礙使用者看櫃體內部的視線

微波爐等

因為門片是向前滑出，開啟時身體必須往後退

有高度的門片適用的五金，滑出尺寸也會較大。若是安置在較低的位置，會導致看不到內容物而難以使用。開啟時門片的下端高度最好是與頭部的位置對齊。

上掀門的失敗案例

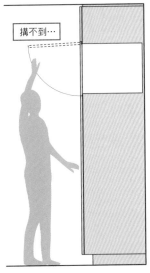

搆不到…

不適用於有高度的門片。雖說門片的上端必須在比頭部稍微高的地方，但若太高的話反而會讓手搆不到。

上掀式摺疊門的失敗案例

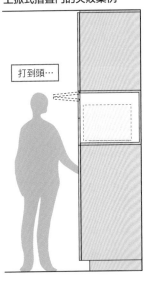

打到頭…

適合有高度的門片。要設計成開啟時門片位置比頭部稍高一些。

圖2 | 注意五金的活動方式和大小（撐桿的例子）

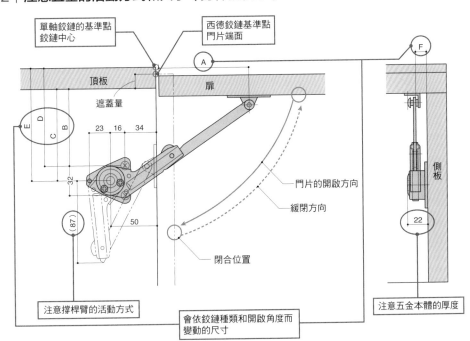

單軸鉸鏈的基準點 鉸鏈中心

西德鉸鏈基準點 門片端面

頂板

扉

遮蓋量

23 16 34

32

50

(87)

門片的開啟方向

緩閉方向

閉合位置

注意撐桿臂的活動方式

會依鉸鏈種類和開啟角度而變動的尺寸

側板

22

注意五金本體的厚度

047
家具五金～抽屜用

POINT
- 認識滑軌的種類和特性。
- 緩閉機制要實際體驗後再決定是否採用。

滑軌的種類

現在的家具抽屜幾乎都是使用滑軌裝置。只有在抽屜內淨尺寸或抽屜深度難以確保的情況下，才會偶爾採用通稱「木軌」的木製導軌。

滑軌的種類可概略分為三種【圖1、2】，在外觀和使用感等方面各有其特色，要依使用部位或需求尺寸等設計條件來決定。這三種滑軌在耐重值、滑軌長度等方面又各有變化型，也可以搭配外加的選擇組件。以廚房用途來說，「底部安裝型滾珠式滑軌」已成為近年的主流。除了一般的底部安裝型滾珠式滑軌外，也可以選擇附帶緩閉機制型、一體式抽屜盒型、按開型、電動緩閉按開型等具備不同功能的滑軌。

緩閉機制

已經成為廚房標準配備的「緩閉機制」，主要的功能是讓抽屜能夠和緩地關閉，此外還有另一項優點，就是在地震發生時可以減少抽屜滑出的狀況。以前緩閉機制只會配備在底部安裝型滾珠式滑軌上，但近來也可以事後加裝於側裝型滾珠式滑軌上。雖然緩閉機制具有閉合確實的優點，但同時也會讓抽屜拉開時的重量感變得相當明顯。所以即使在展示間體驗後覺得很好，還是要依實際需求考量是否採用。

其次，依五金活動的長度，滑軌可以分為「完全抽出式」和「2/3 抽出式」兩種類型。「完全抽出式」和字面的意思一樣，就是可以將抽屜完全拉出至家具本體之外。一般來說採用這種滑軌不會有什麼問題。但若採用「2/3 抽出式」的話，最好先確認清楚不能完全拉出的尺寸有多少，再決定是否使用。

圖1 | 抽屜軌道的種類和特徵

抽屜的名稱

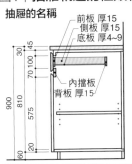

前板 厚15
側板 厚15
底板 厚4～9
內擋板
背板 厚15

抽屜的側板使用雲杉、桐木等實木板或波麗合板等。底板則用椴木合板或波麗合板等材料，若會放置重物的話，就要使用9mm厚的底板材。

側裝型滾輪

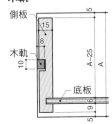

側板
底板

雖然活動起來很滑順，但有些人會介意滾輪的聲音，抽屜內的有效淨高也會因滑軌而變小。滾輪滑軌在軌道最內側設計有向下的傾斜，不但可以讓抽屜確實地關好，遇地震時也不易滑出

木軌

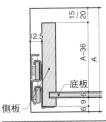

側板
木軌
底板

木軌雖然可以使抽屜內的寬度、高度淨尺寸都加大，但活動上不夠滑順

側裝型滾珠式滑軌

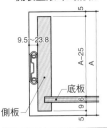

底板
側板

抽屜的淨高度尺寸可以加大，但地震時抽屜可能滑出。近來已可以透過加裝配件的方式讓抽屜在地震時不會滑出，關閉時也可緩緩地關好

注：尺寸僅是概估，實際須依收納物件的大小來判斷

底部安裝型滾珠式滑軌①

底板
側板

最近的主流形式，活動既滑順又安靜。也有緩閉型、按壓型等愈來愈多種類可供選用。但因為活動裝置都集中在抽屜下方，會犧牲抽屜內的有效淨高

底部安裝型滾珠式滑軌②

底板

將側板和滑軌整合成一體的系統化產品。側板高度是固定的，變化型很少。而且大多在側板內側有做傾斜設計，雖然可提升清潔的便利性，但在使用上也多了些限制

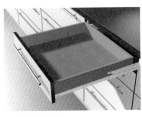

一般滑軌。因為給人「拉出抽屜時會看到滑軌本體」、「開閉的聲音聽起來很廉價」等印象，愈來愈不被使用者青睞。但相對便宜且輕巧好拉，是筆者喜愛的一種滑軌

（攝影：ブルム／デニカ）

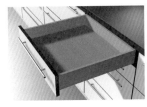

底部安裝型滾珠式滑軌。拉出抽屜時看不到滑軌本體，細部整合得很清爽，活動起來也很滑順，但拉開時手感較重。假使再加裝緩閉機制，會變得更加沉重。

（攝影：ブルム／デニカ）

圖2 | 擋板周邊詳圖

基本的細部收整

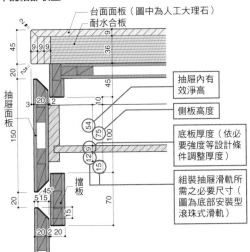

台面面板（圖中為人工大理石）
耐水合板
抽屜面板
抽屜內有效淨高
側板高度
擋板

抽屜內有效淨高
側板高度
底板厚度（依必要強度等設計條件調整厚度）
組裝抽屜滑軌所需之必要尺寸（圖為底部安裝型滾珠式滑軌）

抽屜手孔形狀的變化型式

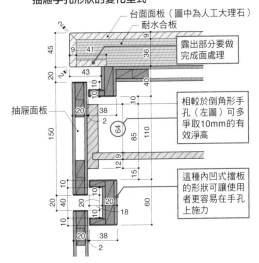

台面面板（圖中為人工大理石）
耐水合板
抽屜面板

露出部要做完成面處理

相較於倒角形手孔（左圖）可多爭取10mm的有效淨高

這種內凹式擋板的形狀可讓使用者更容易在手孔上施力

048
家具五金～滑軌化

POINT

- 依需求分別使用內嵌式和外掛式五金。
- 確認五金的耐重重量。

側拉門五金的種類

自古以來，食器櫃等家具就常使用側拉門的形式。在門片的上下方鑿出溝槽，再將門片嵌合組入櫃體中，是相當傳統的收整方式，一直到今天也仍然被採用。不過，最近大部分的側拉門幾乎都已改用側拉門滑軌的方式【圖1】。

和建築物的門扇一樣，家具的側拉門五金有分上方懸掛式及下承重式。上方懸掛式的優點是活動起來相當流暢，而且因為不需要下方軌道所以很容易清潔，在收納的方式上也很多樣（下承重式則只有一種），因此，採用上方懸掛式五金的情況比較普遍。門片的開閉方式則有錯開式、側雙開式、側單開式、平側開門等變化型，可以配合設計需求使用。

側拉門的安裝方式通常會做成內嵌式，雖然也有外掛式的五金可供選擇，但多半得在櫃體的上下處預留用來吊掛的大空間。但這點從家庭主婦的角度來看，就是「容易積灰塵的地方」，因而成為猶豫是否採用的理由。但其實這種外掛式五金多半在活動上很順暢，實用性頗高。

選擇的關鍵在於耐重量

由於側拉門五金多半是採上方懸掛式，因此耐重量就變成了選擇的重點。型錄裡會有「門片重量25kg以下」、「門片高度2,400mm以下、門片寬度1,200mm以下、門片厚度19~25mm」這樣的記載。這並不是說只要是2,400×1,200mm的門片就沒問題，重點是在於25kg以下的重量。筆者習慣使用的門片重量簡易計算公式如下：「門寬（m）×門高（m）×厚度（mm）×N」，N=0.5~0.8來計算【圖2】。不過這只是簡式算法，實際情況還是要跟家具業者確認。

圖1│側拉門、摺疊門的種類

平面圖

內嵌式側拉門 ①、②

外掛式側拉門 ③、④

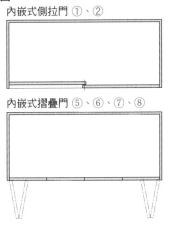

內嵌式摺疊門 ⑤、⑥、⑦、⑧

外掛式摺疊門 ⑨、⑩、⑪、⑫

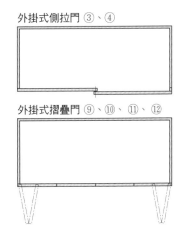

側面圖

內嵌式側拉門 ①、②

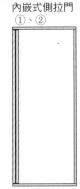

外掛式側拉門 ③、④

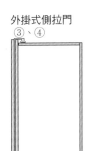

外掛式摺疊門 ⑨、⑩、⑪、⑫

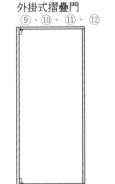

側拉門和摺疊門

側拉門	內嵌式	上方懸掛式		①
		下承重式		②
	外掛式	上方懸掛式		③
		下承重式		④
摺疊門	內嵌式	上方懸掛式	固定式	⑤
			自由式	⑥
		下承重式	固定式	⑦
			自由式	⑧
	外掛式	上方懸掛式	固定式	⑨
			自由式	⑩
		下承重式	固定式	⑪
			自由式	⑫

採用外掛式側拉門時，因為櫃體上下要裝設五金，包含其他部分都必須注意收整的處理

收整為平面的側拉門 ①

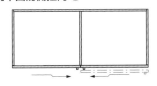

最近許多廠商都推出了平面式側拉門的系統商品可以參考。不過，因為上下五金占據的空間很大，也可能會在收納量或收整方式上產生困擾。

收整為平面的側拉門 ②

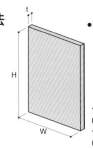

最近在型錄上常見的臂式平面側滑門。使用感很好，但從內部跑出來的五金比例很大，而且五金尺寸的選擇不多，這兩項會是弱點所在。

圖2│門片重量的算法

●門片重量的簡易算法如下
門片重量(kg)=W (m) × H (m) × t (mm) × N

N係數	中空合板	：0.5
	合板	：0.6
	塑合板	：0.6
	中密度纖維板	：0.8
	玻璃	：2.5

例如，木製門W500，H900，t20，中空門的情況時
0.5×0.9×20×0.5=4.5kg
例如，玻璃門W500，H900，t6的情況時
0.5×0.9×6×2.5=6.75kg

049
家具五金～移動用

POINT
- 依素材和工事分別使用不同的層架托。
- 層架托的位置也要用圖面確認清楚。

讓層架可動的方法

很多收納櫃都設有可動式層板【照片、圖】。以家具工事來製作時，會以專用機器在側板上等距開孔、打入層架固定螺母座、安裝螺絲鎖入式層架托後，再放上層板。這個時候，為了使層板不要滑動偏移，會讓層架托嵌入層板下方預先削出的半圓形凹槽內。此外，考量到使用上的便利性，層架托的間距愈小愈好。不過，這樣會造成開孔的工作量和層架托的數量增多，成本也會跟著增加，更重要的是，櫃體內部會有不簡潔的感覺。一般來說，書櫃或鞋櫃的適當層架間距大約設定在30~40mm，其他的收納櫃則以40~50mm來配置。

若是使用玻璃層架，會在層架托外套上專用的塑膠套，或是使用玻璃層架專用的止滑型層架托（層架托墊塊），此時層架托設置的位置會和木製層架托不同，所以要特別注意。

如果是採用木工工事，因為無法在現場鑽層架托孔，所以會將已製成的層架托座軌條安裝在側板上。層架托座軌條有在側板鑿溝槽埋入的類型，也有直接在側板上鎖固的類型，層架托的開孔間距一般是設定在20mm。

注意五金的位置

當櫃體內部裝有西德鉸鏈或撐桿等五金時，層板、層架托、層架托座軌條的位置就有可能和那些五金相互干擾，常常會有需放層板的位置因為裝了五金而無法放置的情形。再者，也會有緩降撐桿撞到層板而使門片關不起來的失敗案例。這些狀況幾乎都可以透過在施工圖中正確記入層架托的位置、型態來解決。自己畫圖的時候當然要留心，檢查的時候也要注意避免遺漏。

照片│層架托的種類

金屬層架托：對一般的層板來說，8mm的大小剛剛好。

層架托墊塊：玻璃層板專用，可以讓玻璃層板不會滑動。

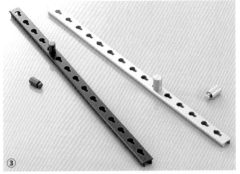

GP層架托座軌條、層架托：以木工工事製作時會使用的標準配件。作業方式是在側板上鑿出溝槽、再埋入GP層架托座軌條。

層架托座軌條：不必在側板鑿溝槽也可安裝，非常薄，對層板寬度的影響不大。

照片提供：野口ハードウェアー（①～③）、サヌキ（④）

圖│可動層板的收整方式

家具工事的收整方式

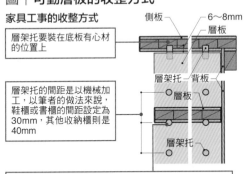

側板 6～8mm 層板

層架托要裝在底板有心材的位置上

層架托的間距是以機械加工，以筆者的做法來說，鞋櫃或書櫃的間距設定為30mm，其他收納櫃則是40mm

層板 層架托 背板

層板

層架托

通常使用8mm的層架托。使用木製層板時，會在層板背面削出半圓型的凹槽，讓層架托嵌入以防止位移

玻璃板的收整方式

玻璃 6～8mm

防滑落五金

附塑膠製護套的層架托

使用玻璃層板時，以厚度6～8mm，寬度900mm為限。為了安全，在背面貼防爆膜會比較安全

在玻璃層板上使用層架托時，會在普通的層架托裝上塑膠製護套。若能採用圖示的防滑落設備會更安全

背板是木質或化妝板時可不使用防滑落五金，間隔距離設定1～2mm就會很合適。在裝飾層架的背板貼鏡子時，後側的層架托也要裝上防滑落五金，以避免碰撞

木工工事的收整方式

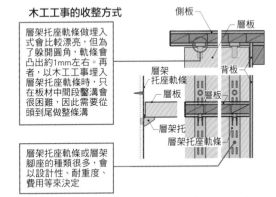

側板 層板

層架托座軌條做埋入式會比較漂亮，但為了躲開圓角，軌條會凸出約1mm左右。再者，以木工工事埋入層架托座軌條時，只在板材中間段鑿溝會很困難，因此需要從頭到尾做整條溝

層架托座軌條 背板

層板

層架托

層架托座軌條

層架托座軌條或層架腳座的種類很多，會以設計性、耐重度、費用等來決定

一般收納家具的層板寬度大多是900mm，書櫃等最寬則是600mm。若超過以上的跨距，除了要在兩端以層架托做4點支撐外，背板上最好也要做支撐點。這時候，背板的層架托設置處也必須是在有心材位置上。通常層板的厚度約18～20mm，會放置較重物品的書櫃等，則要做到24～25mm，不要用空心板，而是使用實心板，或是在心材裡置入不鏽鋼管加強。

050
家具五金～固定用

POINT

- 要指示固定櫃體、層板用的底材。
- 以看不到五金和螺絲的方式來固定。

固定櫃體

地震時必須防止家具傾倒已經是基本常識了。雖然說幾乎所有的裝修家具都是固定在牆壁和地板上，按理不會有那樣的情況發生，但這裡還是稍微談一下。

設置於地板上的櫃子是將底座退縮板固定於地板後，再將櫃體架設在底座退縮板上。雖然這樣子做已經相當堅固可靠，但若能將櫃體上部和牆壁再做一次固定的話，安全性就更無懈可擊了【圖1-①】。不過，因為是用螺絲鎖固，壁面若是使用沒有底材的板材，就會失去固定的意義。特別是必須完全靠牆壁來支撐全部重量的吊櫃，底板的角色更為重要。住宅裡，通常會以夾板取代石膏板做為固定用的底板，因此在安裝前的討論上就要做好指示。

這種固定方法會在櫃體內部看到螺絲，所以要用螺絲孔蓋隱藏起來。不過，如果是開放式層架，即使用螺絲孔蓋遮蓋還是會影響美觀，這時候可以改用稱為「靠掛基座」的固定器，讓五金隱藏在背面【圖1-②】。

在地板上固定家具時，要小心地板式暖氣設備。雖然幾乎沒有人會在家具的下方也設置暖氣設備，但萬一有的話，就要使用短螺絲來因應，這樣即使搞錯了位置也不至於傷到溫水管或電氣板。

固定層板

只在牆壁上安裝層板時，最簡單的方法就是把支撐架固定在牆上，再放上層板。支撐架的種類很多，其中也有可摺疊的產品，將這類支撐架使用在玄關處做為矮凳也很不錯。不過也要留意，支撐架在某些時候會有美觀的問題。在三邊均被牆壁環繞的空間，可在牆壁上安裝支撐腳座，再從正面將層板安裝上去【圖2】。若只有背面有牆壁可利用時，可以使用內插式層架支撐器。因為連水平也可以微調，所以能夠很順暢地進行安裝作業【圖3】。

圖1 | 家具的固定

① 櫃子的固定方法

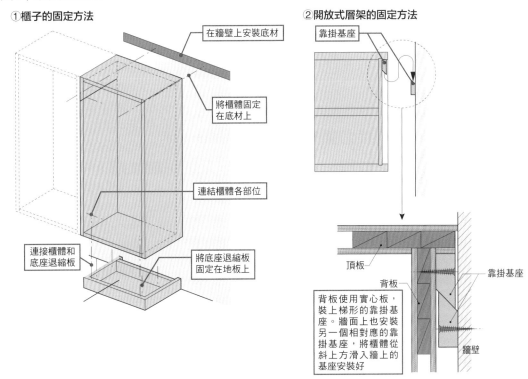

在牆壁上安裝底材

將櫃體固定在底材上

連結櫃體各部位

連接櫃體和底座退縮板

將底座退縮板固定在地板上

② 開放式層架的固定方法

靠掛基座

頂板

背板

靠掛基座

牆壁

背板使用實心板，裝上梯形的靠掛基座。牆面上也安裝另一個相對應的靠掛基座，將櫃體從斜上方滑入牆上的基座安裝好

圖2 | 固定式層架的設置方法

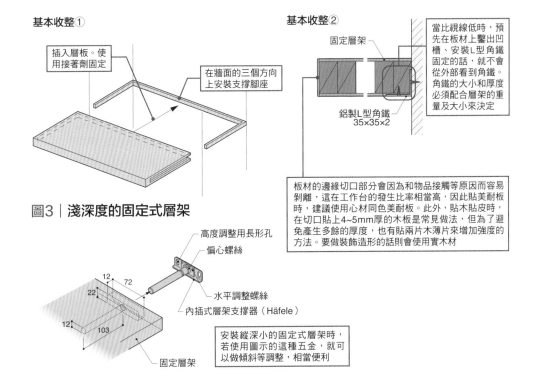

基本收整①

插入層板。使用接著劑固定

在牆面的三個方向上安裝支撐腳座

基本收整②

固定層架

鋁製L型角鐵
35×35×2

當比視線低時，預先在板材上鑿出凹槽、安裝L型角鐵固定的話，就不會從外部看到角鐵。角鐵的大小和厚度必須配合層架的重量及大小來決定

板材的邊緣切口部分會因為和物品接觸等原因而容易剝離，這在工作台的發生比率相當高，因此貼美耐板時，建議使用心材同色美耐板。此外，貼木貼皮時，在切口貼上4~5mm厚的木板是常見做法，但為了避免產生多餘的厚度，也有貼兩片木薄片來增加強度的方法。要做裝飾造形的話則會使用實木材

圖3 | 淺深度的固定式層架

高度調整用長形孔

偏心螺絲

水平調整螺絲

內插式層架支撐器（Häfele）

12　72

22

12　103

固定層架

安裝縱深小的固定式層架時，若使用圖示的這種五金，就可以做傾斜等調整，相當便利

051
家具五金～保護用

POINT

● 在頭部以上的門片必須安裝耐震感知扣。

● 進行安全及防犯計畫時，必須考量未來的可能狀態。

防震保護

發生強震時，門片會被震開造成收納物掉落。因此，放有重要物品的收納櫃以及高於頭部位置的門片，一定要安裝耐震感知扣【圖1】。最新的耐震感知扣具有地震一停止就自動解除鎖扣的功能，省去了手動解鎖的困擾。不過，在地震後打開門片時，還是要注意因地震導致餐具等物品位移而掉出的危險。

再者，最近也有可裝設在抽屜上的耐震扣產品，務必多加利用。

加裝鎖鑰

店鋪陳列櫃和辦公家具即使就在面前，上鎖似乎也很自然，相同地，裝修家具的抽屜或門片上也可以加裝鎖鑰【圖2】。

鎖可以分為木門片用和玻璃門片用。常見的有管狀鎖型（Cylinder lock）和點波鎖型（Dimple key system）[3]、開鎖時鑰匙不可取出型、因應外裝式門片的表面裝設型、管狀鎖表面裝設與埋入式裝設互換型等，變化相當多樣。另外，在鑰匙方面，雖不至於有玄關門鎖那麼多樣，但種類也相當多。有總控鑰匙類型，用一支主鑰匙就能開所有的鎖。也有辦公室常見的，可一次同時將數個抽屜鎖上的類型。再者，像衣櫃之類有高度的門片，也可以使用三點鎖【照片】。這是將門把做成按壓式，靠著下壓門把的動作，就能將上、下和橫向的三個位置簡易鎖住的裝置。

也有預防小孩因調皮或不小心誤觸的五金。比如說雖然按壓式握把只要壓下就會打開，但也可以在開閉動作上加一些步驟來防止誤觸【圖3】。不過，這些都是小孩長大後就不再需要的功能，因此在安裝時也要留意未來可能的變化。

譯注：
3.管狀鎖（Cylinder lock）的特徵為圓柱狀本體及鑰匙；點波鎖（Dimple key system）的特徵為鑰匙的銑齒成圓圈狀、分布於鑰匙兩側。

圖1│耐震扣

耐震扣收整詳圖

固定螺絲：球面扁圓柱頭自攻螺絲，直徑3.5
（容許範圍）上方4mm
下方6mm

$B+A=33.5^{+3.8}_{-1.2}$

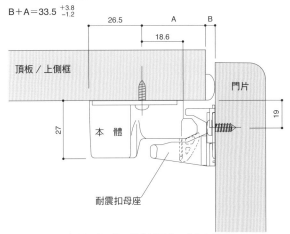

本體（TSA）

可動式耐震扣母座

耐震扣：將內藏動震感知器的本體安裝
於櫃體的側邊。

照片提供：ムラコシ精工

抽屜用耐震扣：本體埋設於側板內。

照片提供：ムラコシ精工

※B是指門扇側的緩衝或收納側的軟墊厚度。若沒有的話，B=0，
本體和母座安裝位置的容許錯開要在±3mm以內。

照片│三點鎖系統

鎖定位置1

鎖定位置2

鎖定位置3

利用下壓握把來鎖上門片的上、下
及中間的鎖定部位。

照片提供：ムラコシ精工

圖2│抽屜、門扇用鎖頭

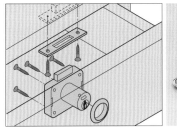

安裝抽屜鎖時的收整方式。

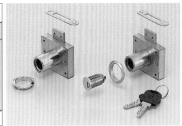

抽屜、門扇用鎖系統：點波鎖型。

照片提供：スガツネ工業

圖3│把手暗扣

門片　底板

23

3.5

鎖扣活動
空間(5.2)

可裝在厚度34mm
以上的門片

暗扣

不拉暗扣就無法開門的機制。

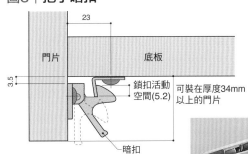

照片提供：スガツネ工業

052
家具五金～把手、握把

POINT

- **以使用的便利性和設計性來決定是否裝把手。**
- **不裝把手時要注意門片重量。**

選擇把手

各家廠商均有出品各式造型的把手和握把【照片】，光是把手一項就多到可以做成整本型錄。在材質方面，雖然也有木材、塑膠、金屬等製品，但還是以金屬製的為多。即使在金屬材質之中，還有各種用鋁、黃銅、不鏽鋼、鑄鐵等不同材料製成，再施以烤漆塗裝、磨光、髮絲紋、鍍鋅、鍍鉻等完成面處理的產品。

在簡潔的設計中，會有不安裝把手和握把，而改設手孔的情形。不過，設置手孔往往會讓門片擋板變大，使內部可用的淨空間縮小。這時候可以選用鋁擠型材料製成的長條型產品【圖】。但鋁製品的顏色幾乎只有霧銀色和黑色而已。由於這種長條型把手都是裁切長尺寸材料製成的緣故，不論哪一家廠商基本上都是採接單後生產的模式，取貨時間大約需要 2~4 週，所以必須在早期階段就決定好門片的寬度。

不安裝把手

因為附有緩閉裝置的滑軌在拉開門時手感相當沉重，建議不要設手孔，而應該要裝上能確實握住施力的把手。當然，一定也有以設計為優先考量而不想裝設把手的個案，這類設計經常都會在交付業主後被抱怨使用性不佳。所以一定要請業主實際確認過使用手感後再做決定。安裝吊櫃時，也有在眼睛高度設置把手的情形，除了鑲框式門片等經典設計外，基本上都不安裝把手。而是改採在門片下部刻出手溝槽，或者將門的下部做得比櫃體大 10mm 左右，讓凸出的門片長度取代手孔。這時，也必須注意牆壁正面的磁磚縫等地方，是否能與家具配合。

照片 ｜ 把手的種類

簡單的圓棒型把手。因為直徑小，不會過於明顯。

①

長條型把手。寬度變化豐富。可做為毛巾桿的替代物。

②

③

小型抓扣。安裝起來較不顯眼，有多種顏色可以選擇，易於使用。

④

鋁擠型材料製成的軌型把手。可和門片收整成平面。

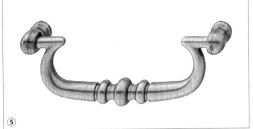

⑤

經典設計的把手。造型變化很豐富。

照片提供：Häfele（①〜③・⑤）、ユニオン（④）

圖 ｜ 採用鋁製板條的手孔案例

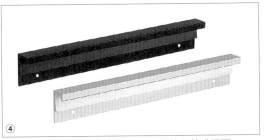

將門片擋板做小一點，就能確保櫃體內部的淨高

20

鋁製板條2.5×50（陽極銀色或美耐烤漆）

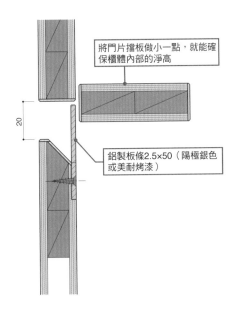

在橫幅較寬的抽屜前板上部安裝鋁製角管加工的把手。和橫向的斑馬木紋有相乘的效果，強調出水平方向的延伸感。

設計：STUDIO KAZ　攝影：垂見孔士

053
家具五金～腳五金

POINT

- 檢討腳五金中的各種既製品。
- 選用腳輪要注意可支撐的重量和材質。

桌子腳和書桌腳

規劃書房的收納和廚房櫃台時，通常也會將書桌和桌子整合進去。這時候桌腳五金會是相當好用的東西【照片1】。這些原本只是店鋪展示桌的配件，即使用在住宅的桌子中也沒有問題。將管體部分、調節器、螺栓墊圈組合成一個部件，經過裁切為指定長度後就可以交貨使用。只要多花一些時間和費用，還能在標準的鍍鉻色外，特別訂製日塗工（日本塗料工業會的簡稱）和 DIC 色票中的指定色號。

如果單以桌子來考量的話（例如飲食店的桌子等），因為有既製品的桌腳可供選擇，可以用低成本就備好材料【照片2】。若是做成木製桌腳，使用桌腳接頭會很方便。只要確保桌子面板有足夠的剛性，桌面底下也可以不鋪設固定桌腳用的圍板，讓桌子的形體看起來清清爽爽。因為桌面底下沒有圍板，所以扶手椅也可以收到桌子底下。而且，也因為組裝好的桌子外觀看不到五金部件，也就不會有五金部件壞了設計的事情發生【圖】。

輪腳

在書桌和廚房周邊的邊桌使用輪腳時【照片3】，要注意地板的面材。採用松木及杉木等質地較軟的樹種、或是複合地板時；PA（聚醯胺）製的硬膠腳輪會在地板上造成壓痕。PU（聚氨酯）製的腳輪情況更嚴重。橡膠製腳輪雖然不會造成壓痕，卻會隨腳輪移動形成黑色橡膠痕跡。

雖然輪腳可以藏到底部的台座裡，但這樣的設計會導致承重的支點內移，移動邊桌或拉抽屜時有可能造成邊桌翻倒。尤其是在抽屜內放文件等有重量的物品時，更要特別注意。當桌子附有腳輪時，務必將重物放在下部以確保重心平穩，或是在抽屜底部也加裝滾輪等相對應的措施。

照片1｜腳五金

桌板受座：可將桌板確實固定好。

高度調整器：可順利地調整高度。

系統腳：附有高度調整器，在不平整的地板也可以調整。粗細、長度、顏色等可以和桌板搭配訂製。

照片提供：スガツネ工業

照片2｜底座

桌腳底座有各種顏色、大小、形狀的產品。選擇合乎設計、並能與桌板搭配的產品。

照片提供：パブリック

圖｜桌腳接頭的收納方式

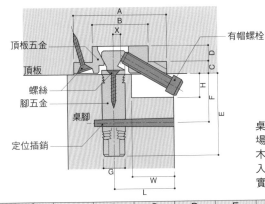

- 頂板五金
- 頂板
- 螺絲
- 腳五金
- 桌腳
- 定位插銷
- 有帽螺栓

桌腳接頭適用於現場組裝桌子頂板和木桌腳，在無法搬入整件桌子時非常實用。

照片提供：野口ハードウェアー

品 名	A	B	C	D	E	F	G	X	H	W
70-42	70	42	9.5	11	61	36	16	5.5	（L-13.5）×0.58	L-13.5
56-35	56	35	8	10	51	30	13	5	（L-11.0）×0.53	L-11.0
40-25	40	25	6	8.5	36	26	9	3.5	（L- 8.0）×0.68	L- 8.0
D72-30	72-30	40×16	8	10	51	30・20	13	5	（L-11.0）×0.53	L-11.0

（單位：mm）

照片3｜輪腳的種類

使用天然木的設計腳輪。

外圈是PU製的腳輪。

附剎車　無剎車

使用不鏽鋼的重型腳輪。

照片提供：スガツネ工業

054
家具五金～電氣相關五金

POINT

● 利用家具用插座簡潔地配置電器。
● 將容易雜亂的線材整理好。

家具用插座

在裝修家具上也會設置插座或開關。安裝於櫃體內部時，通常會使用一般插座；但如果是安裝在浴室鏡箱等內部狹小的空間裡、或者是安裝在家具表面時，就會使用被稱為「家具用插座」的小型插座【照片1】。家具用插座又可分為設置在完成品特定規格開口上的類型，以及像一般插座般在五金墊片上組合插座和開關、可配合實際需求安排的類型。若是後者，還可以將插座、附接地插座、開關、電話、電視整合起來。最近業者也下了許多工夫鑽研將插座面板和家具板材收整成一平面的方法。在這種情形下，插座器具究竟是歸電氣工事還是家具工事來處理就會是個問題，應該在估價階段就要清楚劃分好如何分工。但要切記，接線作業需要持有職業技術證照，必須由電氣工事來施作。

配線的處理

在書桌或桌子上設置插座，雖然頻繁地插拔使用起來很方便，但插座周邊及多餘的電線真的很不美。因此，也有在頂板上開孔、將插座設置在頂板下方的方式。可用來蓋住頂板開孔的圓形或四角形的蓋子，稱為線孔蓋。線孔蓋有各種不同顏色、大小的既製品，可以搭配配線數及頂板顏色來挑選【照片2】。線孔蓋的原理很簡單，其實也可以自行製作【照片3】。如果能使用和頂板用相同的材料，線孔蓋就能不顯眼地收整得整齊乾淨。

桌子周邊和視聽線也要盡可能收整整齊。這時，稱為「整線器」的箱型管相當好用，只要把配線都集中收束到整線器裡就行了【照片4】。

照片1｜家具用插座

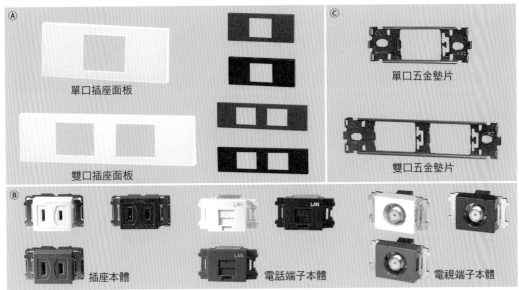

Ⓐ
單口插座面板

雙口插座面板

Ⓒ
單口五金墊片

雙口五金墊片

Ⓑ
插座本體　　電話端子本體　　電視端子本體

在Ⓒ上將Ⓑ組好，再將Ⓐ嵌入。

照片提供：神保電器

照片2｜線孔蓋

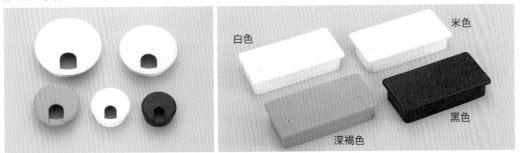

白色　　　　　　　　　　　　米色

黑色

深褐色

依線材的粗細及數量分別使用不同尺寸的線孔蓋。一般情形使用小型的就已足夠。形狀雖有圓形和四角形等，但使用方式均相同，可依設計做選擇。

照片提供：スガツネ工業

照片3｜訂製的配線孔蓋

和頂板使用同樣材質製成的配線孔蓋。

設計・攝影：STUDIO KAZ

照片4｜整線器

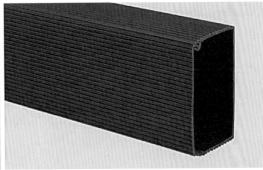

可將雜亂的電腦、電源線集中隱藏起來的部材。可以固定在桌子的裡側等處使用。

照片提供：スガツネ工業

055
家具照明～螢光燈

POINT

- 採用螢光燈間接照明時，需考量更換燈管的方便性。
- 螢光燈也需要散熱。

使用店鋪用的螢光燈

在裝修家具上也會有需要將照明器具組裝進去的情況【圖1～3】。很多店鋪的陳列櫃裡都會組裝螢光燈。不過，在日本被稱為「Trough（トラフ）」的一般螢光燈管尺寸太大，因此會改用不論是燈具本體或燈管都更小巧的店鋪型螢光燈。店鋪型螢光燈的亮度和一般螢光燈一樣，也是由長度來決定，但因為店鋪使用的尺寸已經過模組化，設計上會比較容易使用。而且，在色溫及產品豐富度上也是店鋪型的略勝一籌。（編按：在台灣一般稱為省電燈泡。）

由於螢光燈是線性光源，適合用在呈現「線」的照明上，比如說吊櫃的全橫幅照明、洗臉化妝台的鏡子上下處或左右側的間接照明、腳邊照明、以及天花板的間接照明等。

將螢光燈管做連接配置時，因為燈管卡座部分不會發光，所以會產生光線間斷的問題。此時可以改用「無縫燈管」，由於卡座在燈管後方，因此可讓燈管一直到最末端都可以均勻地發光。只要將無縫燈管連接配置好，就可以創造出一條接合處也不會變暗的光帶。

注意反射光和發熱問題

不論做出多麼均勻流暢的光帶，若光源被看見會讓人興致大減，因此必須在家具板材等多下工夫。再者，光源若從地板反射出來，也是很不美觀。使用有光澤的地板材料時，進行腳邊照明的計畫更要謹慎才行。還有，雖然螢光燈不至於到白熾燈那種發熱程度，但還是會產生熱能。一旦無法有效散熱，就有可能導致故障甚至火災。所以，千萬不可用玻璃或壓克力將螢光燈密封包覆起來，務必要設置散熱孔。但只要設置孔洞，就會影響光的呈現而不再是均勻的光，這正是設計上必須下工夫的地方。

圖1 | 在家具上端做間接照明的例子

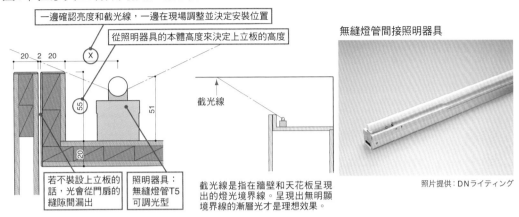

一邊確認亮度和截光線，一邊在現場調整並決定安裝位置

從照明器具的本體高度來決定上立板的高度

20　2　20

X

55

51

20

若不裝設上立板的話，光會從門扇的縫隙間漏出

照明器具：無縫燈管T5 可調光型

截光線

截光線是指在牆壁和天花板呈現出的燈光境界線。呈現出無明顯境界線的漸層光才是理想效果。

無縫燈管間接照明器具

照片提供：DNライティング

圖2 | 使用店鋪照明器具的例子

埋入底板的例子

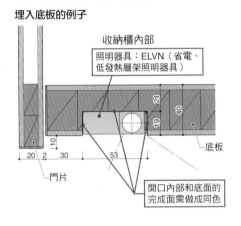

收納櫃內部

照明器具：ELVN（省電、低發熱層架照明器具）

21

40

19

10

20　2　30

53

門片

底板

開口內部和底面的完成面需做成同色

使用層架全面照明型燈具的例子

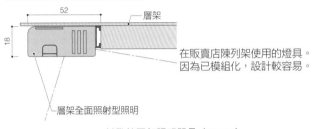

52

18

層架

層架全面照射型照明

在販賣店陳列架使用的燈具。因為已模組化，設計較容易。

低發熱層架照明器具（ELVN）

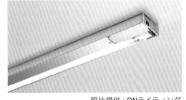

照片提供：DNライティング

圖3 | 美觀呈現間接照明的例子

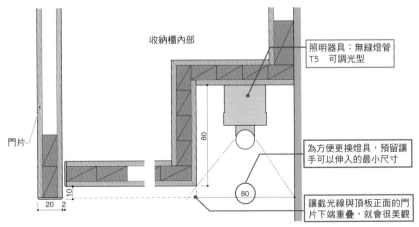

收納櫃內部

照明器具：無縫燈管T5 可調光型

80

門片

為方便更換燈具，預留讓手可以伸入的最小尺寸

10

20　2

80

讓截光線與頂板正面的門片下端重疊，就會很美觀

056
家具照明～ LED

POINT
- 裝設在家具上的照明以 LED 為主。
- 要注意 LED 的光質。

LED 的優點

近年來 LED 已經急速普及化了【照片】。長久以來，家具上裝設的點狀光源層板燈都是採用 10~20W 的小型鹵素燈，但現在幾乎已經被 LED 取代了。LED 的消耗電力大約在 1~3.5W，相較於鹵素燈可說是相當省電。

LED 層板燈的優點在於壽命長且發熱少。和小型鹵素層板燈相比，雖然更換燈管較麻煩，但因為幾乎沒有更換的需要，反而是更有利的。

再者，因為 LED 不太會發熱，所以不會因操作層板下的開關而不小心被燈體燙傷的危險。設置的初期成本也降到和小型鹵素燈差不多，很容易採用。當然，LED 不只可以做為點狀光源，也可做為間接照明等線性光源使用。由此可知，體積小、不必顧慮更換問題、發熱又少，LED 的好處相當多。

改變了家具的設計

舉例來說，陳列架的正面兩側邊上就可裝設 LED。以前因為只能以螢光燈裝設，側板也必須做得很厚才行；但改採 LED 後，使用較薄的側板就能將 LED 收納進家具中。這些需要光源的家具在設計上，都因為 LED 的出現而有了改變【圖1、2】。

不過，對已經習慣鎢絲燈泡和螢光燈的人類眼睛來說，LED 的光可說是全新的體驗。首先，LED 的光是直線照射，因此光的濃淡非常分明。又因為光的亮度較高，會因使用場合不同產生緊迫的印象。從這些特性來考量，比起做直接照明，LED 更適合用在間接照明或家具照明。

將 LED 用於層板的下照燈時，讓呈現出來的光感覺和以前鎢絲燈泡相同，以這樣的方式來配燈應該就沒問題了。

照片｜各式各樣的LED照明

① 取代鹵素燈的埋入式下照燈。燈具幾乎不會凸出，可以簡潔地收納起來。

② 可照亮玻璃邊緣的燈具。建議使用在裝飾層架上。

③ 條狀的下照光源。附有感應器，可用手勢點燈。適用於廚房。

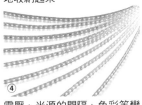

④ 電壓、光源的間隔、色彩等變化相當豐富，本體又小，很容易收納到家具裡。亮度比以前的光源都還要亮。

⑤ 利用可塑型鋼管可讓光源隨使用需求自由地調整。適用於床頭燈等。

⑥ 門片感知器。門一開就點燈。因為不是按鈕式設計，所以也能用在側拉門上。

照片提供：ハーフェレ（①～③⑤⑥）、プロテラス Luci事業部（④）

圖1｜垂直使用LED帶狀燈的裝飾櫃〔S＝1：3〕

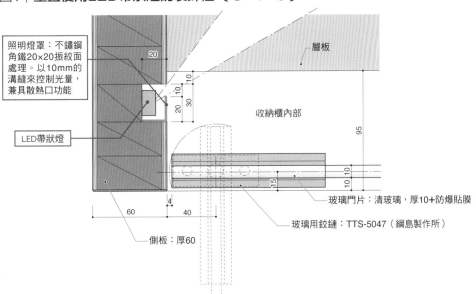

照明燈罩：不鏽鋼角鐵20×20振紋面處理。以10mm的溝縫來控制光量，兼具散熱口功能

LED帶狀燈

層板

收納櫃內部

玻璃門片：清玻璃，厚10＋防爆貼膜

玻璃用鉸鏈：TTS-5047（綱島製作所）

側板：厚60

圖2｜橫向使用LED帶狀燈的裝飾櫃〔S＝1：3〕

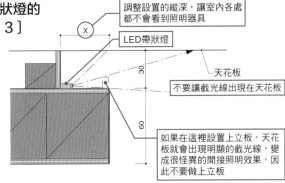

調整設置的縱深，讓室內各處都不會看到照明器具

LED帶狀燈

天花板

不要讓截光線出現在天花板

如果在這裡設置上立板，天花板就會出現明顯的截光線，變成很怪異的間接照明效果，因此不要做上立板

1
2
3
4

家具五金

5
6

057
家具照明～計畫

POINT

- 照明計畫的基本在於照度和色溫。
- 光源不要全部使用 LED，也要併用螢光燈。

依色溫分別使用

裝修家具的照明計畫必須視為室內整體照明計畫的一部分。不只是家具的使用上，所有照明計畫的基本都是「照度」和「色溫」。以前那種讓所有房間亮度一致的手法已經日漸減少，反倒是從前頂多只會做層板燈的家具照明日益增加。這樣的照明手法可以讓家具做為間接照明使用，或者乾脆讓家具變身為照明器具【照片】。

照明計畫首先要考量的是「將色溫分開使用」。居住空間通常會盡可能地讓色溫一致，但店鋪會按照射商品或展示的需求而改變色溫。例如，如果乾淨地呈現白色，以 2700K 色溫照明的話，反而會讓被照物出現顏色偏黃的反效果。

再者，使用 LED 時，即使是標示同樣色溫的產品，也會因製造廠商不同而在顯色上有所差異，因此同時使用多家廠商的照明器具時要特別注意。其他光源也有

同樣的情形，螢光燈和白熾燈雖然有同樣的色溫，但產生的氛圍完全不同。可見照明器具的選擇也要謹慎留意才行。

依光的質感分別使用

LED 的光並不會像鎢絲燈泡一樣柔和地發散，而是直線式地照射。通常在洗臉台等處，都會採不讓光直接照射臉部的方式來規劃。因為直線光也會讓高齡者的眼睛負擔變大，使用上更應該謹慎地計畫。如果按照傳統的方式配置 LED，光線的濃淡會很分明，整體感覺卻是比較暗。因此，若不是需要長時間照明的地方，使用螢光燈就可以了。另外，螢光燈也有可調光型的產品，以 80% 的亮度來使用的話，燈管壽命可以延長至將近兩倍。就 CP 值（cost-performance ratio，性能價格比）來說已經很接近 LED 了。因此，不管是螢光燈還是 LED，只要預算許可，都建議採用可調光型產品。

照片｜裝修家具的照明計畫

①在客廳左右兩側的裝修家具上方做間接照明。

②全部的牆面做成收納櫃環繞的空間。一部分設計成發光的照明面，營造出燈籠般的風情。

③在玄關收納櫃的腳邊置入螢光燈，做為夜燈使用。因為地板磁磚已做消光處理，不會有反射螢光燈的狀況。

④在CD架的層板後方裝設間接照明。光線會從透明壓克力CD盒中透出。

⑤餐廳側的矮櫃頂板裡裝入螢光燈，淡淡地照亮深藍色的壁面。

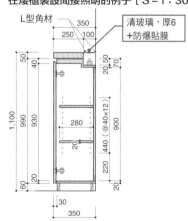

設計：STUDIO KAZ　攝影：垂見孔士（①②）、山本まりこ（③）、STUDIO KAZ（④⑤）

在矮櫃裝設間接照明的例子 [S＝1：30]

L型角材　350

250　100

清玻璃，厚6
+防爆貼膜

50
40
20 50
70

1,100
990
930

280

900
440（@40×12）

220
20

60
20
20

30
350

058
家具五金型錄的閱讀法

POINT

- 從各廠商的型錄擷取必要資訊。
- 不只是型錄資訊，也要聽聽生產和流通負責人的聲音。

整理必要的情報

型錄裡充滿各式各樣的資訊，但並非全部都和設計者有關。比如說螺絲的固定位置等，那是讓施工者決定底板位置和大小的必要資訊。對設計者來說，看型錄時更重要的是不能搞混五金本體的尺寸和螺絲位置的尺寸。而依廠商不同，有些型錄則是只有記載固定位置的尺寸。

設計者應該從型錄當中讀取的資訊如下：五金本體的大小、耐重量和對應的門片大小、安裝方式、吊入方式、可動範圍、顏色和尺寸的變化，以及同類型五金之間有何明顯差異【圖】。

建議製作屬於自己的型錄

當然，型錄上只有記載廠商要傳達的商品資訊。但設計者不能照單全收，還必須了解五金在送達工地現場前的過程中會經手過哪些人。即便是性能極為優良的五金，若廠商的處理不佳、安裝麻煩、國內庫存短缺以致交貨時間拉太長等，在生產和流通上都可能產生各種大大小小的問題。再細分來談的話，也有因為經銷商和家具業者的交易條件太差等、與設計者無直接關係的理由，導致不採用某項五金的情況。此外，也有型錄上光寫優點，實際上沒有那麼好、還很容易壞掉，像這類的情報就只能向家具業者取得才會知道。

建議設計者以這些資訊為基礎，製作出屬於自己的型錄。擺脫西德鉸鏈和滑軌一定要是同家廠商的無謂堅持。依照使用需求選用最適合的廠商、最適合的系列來搭配，才能設計出最好的裝修家具。

圖｜家具五金型錄的閱讀重點（Blum、Häfele 的型錄範例）

西德鉸鏈

（緩閉機制的名稱）
確認商品名稱

確認開啟角度

確認型號

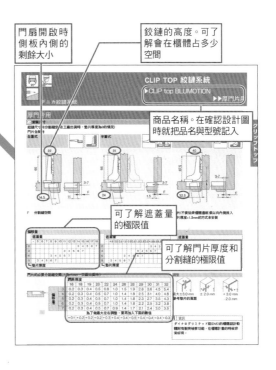

門扇開啟時側板內側的剩餘大小

鉸鏈的高度。可了解會在櫃體占多少空間

商品名稱。在確認設計圖時就把品名與型號記入

可了解遮蓋量的極限值

可了解門片厚度和分割縫的極限值

滑軌

商品名稱

確認樣式和型號
※Blumotion是緩閉機制、TIP-ON是指按壓式機制的產品

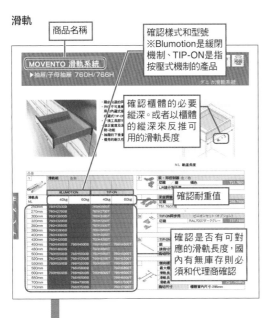

確認櫃體的必要縱深。或者以櫃體的縱深來反推可用的滑軌長度

確認耐重值

確認是否有可對應的滑軌長度，國內有無庫存則必須和代理商確認

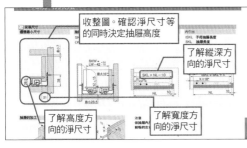

收整圖。確認淨尺寸等同時決定抽屜高度

了解縱深方向的淨尺寸

了解高度方向的淨尺寸

了解寬度方向的淨尺寸

型錄提供：ブルム／デニカ、Häfele

側拉門五金

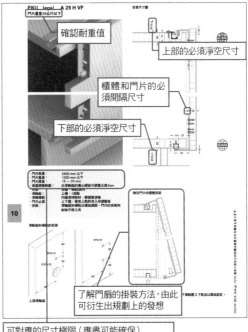

確認耐重值

上部的必須淨空尺寸

櫃體和門片的必須間隔尺寸

下部的必須淨空尺寸

了解門扇的掛裝方法，由此可衍生出規劃上的發想

可對應的尺寸極限（應盡可能確保）
注意：雖然有記載門高和門寬的極限值，但並非只要是2,400×1,200mm的門就沒問題。不管怎樣都要以耐重值為基準來考量

透過展覽會收集資訊

照片｜interzum的網頁

世界性的家具樣品市集中，以每年舉辦的米蘭家具展最具知名度。同樣的，兩年一次在德國科隆舉辦的 interzum 展，則是家具五金和家具材料的樣品市集【照片】。雖然不是完成品，但 interzum 展比米蘭家具展有更多可以激發設計者想像力與表現力的東西。特別是在開展後舉辦的進口五金廠商報告大會，將是收集更多資訊的好機會，務必要參加。

另外，還有稱不上主流，但也很值得參加的，就是 interzum 每年在中國廣州舉辦的、主要以亞洲的公司和亞洲市場為中心的商品展覽會。

interzum 國際家具產業、木材加工專門展
主　　辦：科隆展場公司（Koelnmesse GmbH）
舉辦頻率：每兩年
展出商品：家具材料、櫃體 · 辦公家具 · 廚房家具用材料及零件、表面裝修材、化妝板、表面加工機器、五金、構造元件、內件零件、燈具、家具生產 · 木材加工機、軟墊包覆材、軟墊材 · 半成品、軟墊加工機械及零件、天花 · 壁面 · 配件、窗 · 配件、板材 · 木地板、貼膜、地板用機械等。

英文網站：http://www.interzum.com/interzum/
日文網站：http://www.koelnmesse.jp/interzum/

Chapter 5
裝修家具的
設計與細部

059
基本細部設計～退縮縫

POINT

- 現場製作與工廠製作的精度差，要用「退縮縫」填補。
- 把退縮縫當成設計的一部分。

填補精度差

現場施作的木工工事和工廠製作的家具工事，最大差異就在施工的精度差。家具工事的製作精度當然會比較高。現場施作時，不只要克服兩者的精度差，還必須避開燈具、空調、火警警報器、開關、門窗框等從天花板或牆壁凸出的物體，此時可利用「退縮縫」來解決。

在家具工事中，處理退縮縫的部材有用在家具與牆壁之間的牆面退縮板、用在家具與地板之間的底座退縮板、以及家具與天花板之間的天花板退縮板【圖1～3】。不過在木工工事中，並不使用專門的部材，而是以現場切削板材的方式比對調整，並沒有退縮縫的概念，需要調整時會使用不同的五金來對應。

家具工事中，一般習慣在家具本體和牆壁間保留20mm的退縮縫。比這個寬度更大的話會讓人感覺縫隙太大；反過來說，太小的退縮又容易被一眼看穿家具本體和牆壁間的縫隙不均勻（因為牆壁非垂直，會有大約3~5mm的傾斜）。由此可知，恰到好處的退縮縫尺寸大約是20mm。如果從整體的門片比例來計算，以16~20mm左右的尺寸來處理退縮縫最為適當。

利用退縮縫

雖然很多設計師為了美觀而不想留退縮縫，但若能換個角度積極地把退縮縫納入設計中，反倒可以很協調地整合各種家具。比如說，因為設置手孔的縫隙寬度大約要20mm左右，那就讓退縮板寬度也設定為20mm。如此一來，手孔和牆面退縮板都統一成相同的尺寸，退縮縫就能成為整體設計的一部分。

或者是，當想呈現帶有厚重感的設計時，常會將外框做大一些。此時也可以利用牆面退縮來調整。把標準20mm寬的牆面退縮設計成60mm以上，再把原本採用20mm寬度時習慣與家具箱體底部齊平的牆面退縮板，改為與家具門片底部齊平。天花板處的退縮板也可以相同手法製作。最後再搭配材質和顏色，一個具有重量感的收納家具就完成了。

圖1 | 設計家具與壁面間的退縮縫

基本的收整方式

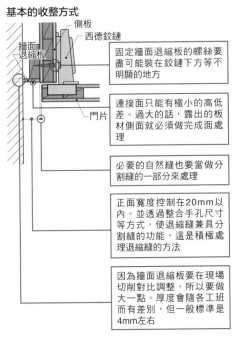

牆面退縮板
側板
西德鉸鏈
門片

固定牆面退縮板的螺絲要盡可能裝在鉸鏈下方等不明顯的地方

連接面只能有極小的高低差。過大的話，露出的板材側面就必須做完成面處理

必要的自然縫也要當做分割縫的一部分來處理

正面寬度控制在20mm以內。並透過整合手孔尺寸等方式，使退縮縫兼具分割縫的功能，這是積極處理退縮縫的方法

因為牆面退縮板要在現場切削對比調整，所以要做大一點。厚度會隨各工班而有差別，但一般標準是4mm左右

利用牆面退縮板呈現厚重感

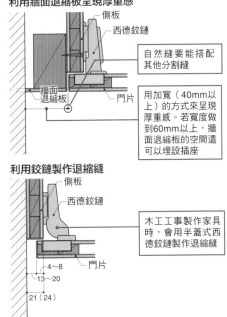

側板
西德鉸鏈
牆面退縮板
門片

自然縫要能搭配其他分割縫

用加寬（40mm以上）的方式來呈現厚重感。若寬度做到60mm以上，牆面退縮板的空間還可以埋設插座

利用鉸鏈製作退縮縫

側板
西德鉸鏈
門片

木工工事製作家具時，會用半蓋式西德鉸鏈製作退縮縫

4~8
13~20
21（24）

圖2 | 設計家具與天花板之間的退縮縫

基本的收整方式

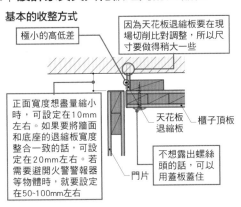

極小的高低差

因為天花板退縮板要在現場切削比對調整，所以尺寸要做得稍大一些

天花板退縮板
櫃子頂板

正面寬度想盡量縮小時，可設定在10mm左右。如果要將牆面和底座的退縮板寬度整合一致的話，可設定在20mm左右。若需要避開火警警報器等物體時，就要設定在50~100mm左右

不想露出螺絲頭的話，可以用蓋板蓋住

門片

利用天花板退縮板呈現重量感

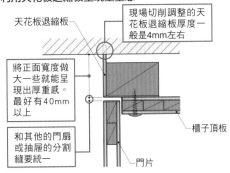

天花板退縮板

現場切削調整的天花板退縮板厚度一般是4mm左右

將正面寬度做大一些就能呈現出厚重感。最好有40mm以上

和其他的門扇或抽屜的分割縫要統一

櫃子頂板
門片

圖3 | 設計地板和踢腳板的退縮縫

家具與地板之間的退縮縫

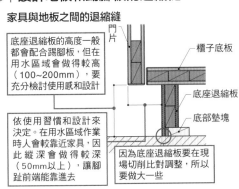

門片
櫃子底板

底座退縮板的高度一般都會配合踢腳板，但在用水區域會做得較高（100~200mm），要充分檢討使用感和設計

依使用習慣和設計來決定。在用水區域作業時人會較靠近家具，因此縱深會做得較深（50mm以上），讓腳趾前端能靠進去

底座退縮板
底部墊塊

因為底座退縮板要在現場切削比對調整，所以要做大一些

牆面與踢腳板之間的退縮縫（外凸踢腳板、內縮踢腳板）

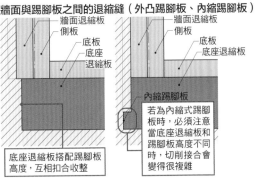

牆面退縮板
側板
底板
底座退縮板

牆面退縮板
側板
底板
底座退縮板

底座退縮板搭配踢腳板高度，互相扣合收整

內縮踢腳板

若為內縮式踢腳板時，必須注意當底座退縮板和踢腳板高度不同時，切削接合會變得很複雜

060
基本細部～接合部

POINT
- 設計的成敗在於接合部的美感。
- 利用切口貼覆材預防龜裂。

細部的關鍵在於接合部

基本上，裝修家具就是以接合的板材所構成（參照第 42 頁）。不論是以家具工事或木工工事製作都是如此。因此，板材與板材之間的組合方法及細部處理，都會和設計有很大的關係。

家具工事和木工工事在作業工程、作業環境、工具方面都不盡相同，因此會各自採用不同的接合方法【圖 1～3】。

板材的接合方法共有五種。在木工工事方面，基本上都是以黏著劑或螺絲接合*，以透明塗裝做完成面處理時，也可能採用木榫接合，最好還是考量木工的技術能力後再決定工法。

依施工現場的不同，家具有可能無法以組合好箱體的狀態搬入，而是以板材狀態搬入後，再於現場組裝。這時使用接合五金會比較方便。市面上的系統家具幾乎都是採用這種五金。使用時，將接合五金的盤座固定在板材的一端，在另一板材端裝上豎軸，然後以每次迴轉半圈盤座的方式，牽動豎軸中的固定栓達到固定作用。雖然整組接合五金很難都在現場安裝，但只要事先在工廠把五金各部件設置準備好，就可以在現場簡單地組裝好板材。這種接合五金對那些必須從後方裝設的層板或門片擋板來說，使用起來相當便利。

從切口的收整下工夫

製作全覆蓋塗裝的開放層架時，建議在切口貼覆材上要多下工夫。當發生地震或者碰撞造成震動等，都可能會讓家具本身搖動導致接頭斷裂、塗裝裂開。若想盡量避免這種情況發生，可以將板材以垂直方向接合、切口膠帶則以橫向貼覆後，再施以塗裝的方式。這樣一來，因為板材和切口搖動的方向不同，就可降低塗裝裂開的風險。

*原注：木工大多會使用黏著劑或螺絲固定板材面和切口，這種做法在日本稱為「イモ（imo）接合」。

圖1│設計接合部

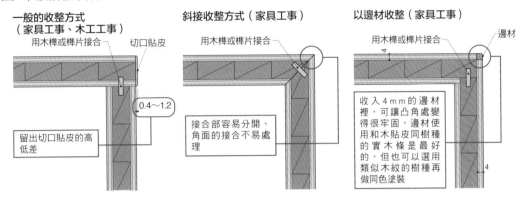

一般的收整方式
（家具工事、木工工事）

用木榫或樺片接合　切口貼皮

0.4～1.2

留出切口貼皮的高低差

斜接收整方式（家具工事）

用木榫或樺片接合

接合部容易分開、角面的接合不易處理

以邊材收整（家具工事）

用木榫或樺片接合　邊材

收入4mm的邊材裡，可讓凸角處變得很牢固，邊材使用和木貼皮同樹種的實木條是最好的，但也可以選用類似木紋的樹種再做同色塗裝

4

接合五金（附迴轉緊固盤）[Murakosh精工]

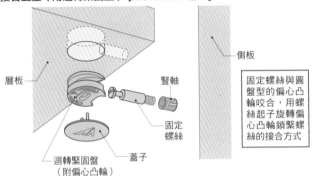

層板

豎軸

固定螺絲

蓋子

迴轉緊固盤（附偏心凸輪）

側板

固定螺絲與圓盤型的偏心凸輪咬合，用螺絲起子旋轉偏心凸輪鎖緊螺絲的接合方式

圖2│隱藏開放式層架的接合部

木工工事的垂直支撐板收整方式
（上：平面、下：正面）

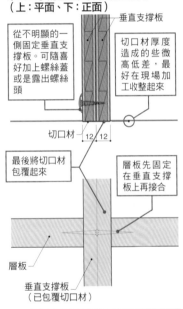

垂直支撐板

從不明顯的一側固定垂直支撐板。可隨喜好加上螺絲蓋或是露出螺絲頭

切口材厚度造成的些微高低差，最好在現場加工收整起來

切口材　12　12

最後將切口材包覆起來

層板先固定在垂直支撐板上再接合

層板

垂直支撐板（已包覆切口材）

圖3│接合部的完成面處理

側板和底板（左：木工、家具工事、右：家具工事）

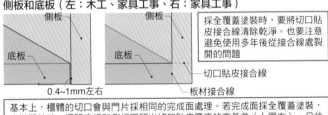

側板　側板
底板　底板

0.4~1mm左右

切口貼皮接合線
板材接合線

採全覆蓋塗裝時，要將切口貼皮接合線清除乾淨。也要注意避免使用多年後從接合線處裂開的問題

基本上，櫃體的切口會與門片採相同的完成面處理。若完成面採全覆蓋塗裝，安裝門片時，櫃體底板和側板間露出切口貼皮厚度的高低差，日後才不易形成裂痕。若是不安裝門片的開放式層架，不想因高低差影響美觀而想收整成一平面時，為了預防接合線出現裂紋，可將板材接合線和切口貼皮接合線的位置錯開來（右上圖）

垂直支撐板和固定層架

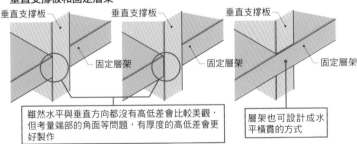

垂直支撐板　垂直支撐板　垂直支撐板

固定層架　固定層架　固定層架

雖然水平與垂直方向都沒有高低差會比較美觀，但考量端部的角面等問題，有厚度的高低差更好製作

層架也可設計成水平橫貫的方式

木工工事施作的書架和書桌。
設計·攝影：STUDIO KAZ

061
基本細部～平開門

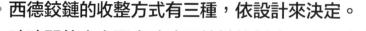

POINT
- 西德鉸鏈的收整方式有三種，依設計來決定。
- 玻璃門的大小要由玻璃用鉸鏈的對應尺寸來決定。

以西德鉸鏈為基本

除非有特殊的情況，在一般的平開門上多半是使用西德鉸鏈。以五金和櫃體的設置關係來說，西德鉸鏈可以分為全蓋式外裝設型，半蓋式外裝設型、和內裝設型三類【圖1】。除了以上的分法，還可以依門片厚度和開啟角度、遮蓋量、調整空間、玻璃用、鏡面用、鋁框用等再做細分。也有些廠商會推出獨特的顏色樣式，最好先整理家具的需求條件，再來查閱五金型錄【圖2】。

西德鉸鏈因為有複數的迴轉軸，強度較平鉸鏈差，不適用於大門片。雖然可以在門片長軸上增加鉸鏈數量的方法來因應，但仍建議門片寬度最好不要超過600mm。

最近因為防震等安全考量，在門片和抽屜裝設緩閉機制已成為基本常識。緩閉機制可分為安裝於櫃體切口邊緣的類型、以及安裝於西德鉸鏈上的類型，不過，最新的西德鉸鏈中，也有已內建緩閉機制的產品。

玻璃門的開閉

使用在玻璃門片上的鉸鏈主要有兩種，即玻璃用鉸鏈和天地鉸鏈【圖3】。裝設時幾乎都需要在玻璃上開孔或切角。如果使用的是強化玻璃，必須注意邊緣到開孔間的距離限制，甚至可能有無法使用鉸鏈的情形。

採用玻璃門片的家具多半是為了能看到櫃體內部，因此也會希望盡可能將門片做得大一些。但玻璃門片比木門片重，加上鉸鏈的負擔也大。型錄上都會清楚記載該鉸鏈對應的玻璃尺寸及厚度，要清楚確認後再決定門片大小。

圖1│平開門的細部

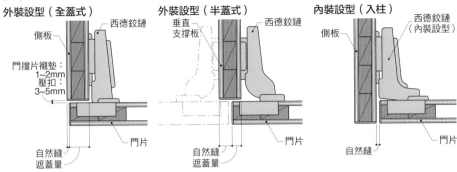

外裝設型（全蓋式）

側板
西德鉸鏈
門擋片襯墊：
1~2mm
壓扣：
3~5mm
自然縫
遮蓋量
門片

外裝設型（半蓋式）

垂直支撐板
西德鉸鏈
自然縫
遮蓋量
門片

內裝設型（入柱）

側板
西德鉸鏈（內裝設型）
自然縫
門片

適用內裝設型、或是外裝設型（分全蓋式和半蓋式）主要取決於設計。其中，半蓋式雖然適用於兩門片共用同一垂直支撐板的情形（如中間圖虛線），但有些木工廠不喜歡混用全蓋式和半蓋式鉸鏈，因為得加倍增厚垂直支撐板才能與全蓋式統一，如此一來會使內部淨寬變窄（約20mm），須注意是否能符合收納物的尺寸需求

圖2│門片閉合部的細部

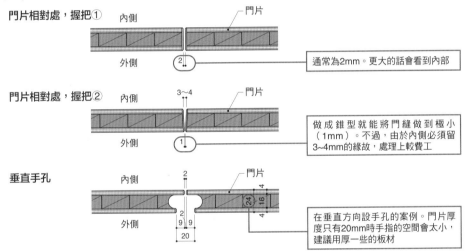

門片相對處，握把①

內側
門片
外側
②

通常為2mm。更大的話會看到內部

門片相對處，握把②

內側
3~4
門片
外側
①

做成錐型就能將門縫做到極小（1mm）。不過，由於內側必須留3~4mm的緣故，處理上較費工

垂直手孔

內側
2
門片
4 16 24 4
外側
2 9 9
20

在垂直方向設手孔的案例。門片厚度只有20mm時手指的空間會太小，建議用厚一些的板材

圖3│玻璃用鉸鏈的細部

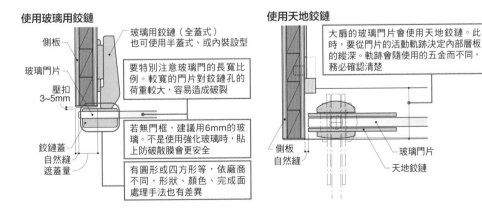

使用玻璃用鉸鏈

側板
玻璃門片
壓扣
3~5mm
鉸鏈蓋
自然縫
遮蓋量

玻璃用鉸鏈（全蓋式）也可使用半蓋式、或內裝設型

要特別注意玻璃門的長寬比例。較寬的門片對鉸鏈孔的荷重較大，容易造成破裂

若無門框，建議用6mm的玻璃。不是使用強化玻璃時，貼上防破散膜會更安全

有圓形或四方形等，依廠商不同，形狀、顏色、完成面處理手法也有差異

使用天地鉸鏈

大扇的玻璃門片會使用天地鉸鏈。此時，要從門片的活動軌跡決定內部層板的縱深。軌跡隨使用的五金而不同，務必確認清楚

側板
自然縫
玻璃門片
天地鉸鏈

062
基本細部～抽屜

POINT

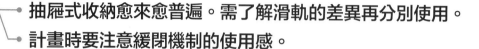

- 抽屜式收納愈來愈普遍。需了解滑軌的差異再分別使用。
- 計畫時要注意緩閉機制的使用感。

滑軌的種類

最近流行的大寬度抽屜收納給人乾淨清爽的印象。採用木紋門片時，如果讓木紋橫向伸展，會讓抽屜看起來較寬、空間也顯得更寬廣。這樣的設計還可以減少門片數，成本也可以跟著稍微降低。這種重視抽屜的設計最早由廚房開始，之後逐漸應用在客廳上，加速了廚房走向開放化、空間一體化的進程。

雖然大寬度抽屜看起來很不錯，但還是有其問題存在。由於滑軌內部有空隙，活動時門片會左右晃動，容易無法俐落地開閉。這種現象在側裝型滾珠式滑軌上最明顯。為此，許多廠商已開發出讓左右滑軌同步的機制，將會是今後滑軌的主流。因為新產品在收納等方式上可能會有微妙的變化，設計時要多留意。

採用何種開啟方式呢？

開啟抽屜時，手要抓哪裡是個重點。一般會使用把手，但追求設計感或是會介意凸出物時，可以在抽屜前板的上端或下端做寬度約 20mm 的「手孔」【圖】。但抽屜中放有重物時，使用手孔開啟的瞬間會較費力，特別是附有緩閉機制的「底部安裝型滾珠式滑軌」產品，這種情況會更明顯，甚至會讓指甲長的女性連開啟都會有困難。除了手孔外，其他的開啟方式還有按壓開啟型、電動按壓開啟＋緩閉機制型等，選擇範圍很廣。以廚房來說，因為使用便利性是影響業主滿意度的重點，最好能製作裝有各型滑軌的「抽屜樣品櫃」【照片】，供業主實際試用後再決定。

圖｜手孔的設置方法

基本

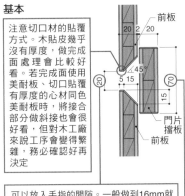

注意切口材的貼覆方式。木貼皮幾乎沒有厚度，做完成面處理會比較好看。若完成面使用美耐板、切口貼覆有厚度的心材同色美耐板時，將接合部分做斜接也會很好看，但對木工廠來說工序會變得繁雜，務必確認好再決定

可以放入手指的間隙。一般做到16mm就可以使用，但依門片高度有可能會不好打開，可以的話建議做到20mm左右

使用美耐板時，一般會做錐形手孔，以錐型斷面一直通到門片端部。角度做45度會很好開啟，但若是門片擋板寬度只有60mm，會很容易從縫隙看到內部，必須做到70mm才行，不過這樣會影響收納量

應用①

錐型手孔的角度做30度時，門片擋板的寬度可以控制在60mm。但也可能因此造成手指抓力變弱而不易開啟，務必透過實際樣品來確認

應用②

門片張貼木貼皮或做全覆蓋塗裝時，也可以在手指扣住的位置做溝槽，會比錐形縫容易開啟。然而，因為切削處無法貼皮，必須注意完成面處理方式

應用③

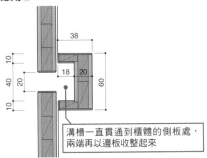

溝槽一直貫通到櫃體的側板處，兩端再以邊板收整起來

無手孔（把手、握把、壓扣式）

間距通常為2mm。但壓扣式五金時一般會設為3~5mm

雖然縫隙愈小愈漂亮，但太小的話開閉時門片容易碰撞到。筆者習慣做4mm

前板

門片擋板

前板

照片｜抽屜樣品櫃

在各個抽屜安裝了不同滑軌的可移動邊櫃，一拉開不同抽屜就能確認好不好使用，可拿來當做測試比較的樣品。

攝影：STUDIO KAZ

063
基本細部～側拉門

POINT

- 透過型錄掌握基本的收整方式。
- 從細部詳圖理解並安排五金的尺寸、活動軌跡、收整方式。

安排收整方式

所有的五金都有標準的收整方式。若型錄上沒有以圖面或概念圖記載的話，可以向廠商索取設計確認圖。最近很多廠商提供下載CAD圖的服務，可以藉此畫出更正確的圖面，也方便檢討設計。在家具五金當中，尤其側拉門滑軌五金的收整方式大多較複雜，有CAD圖供做參考的話會有非常大的幫助。

基本上，大部分的側拉門以標準收整施作都不會有什麼問題。不過，以標準施作時如果縫隙很大或者重疊部分太多、造成材料使用效率不彰時，就要考慮再做一些加工。也就是說，除了標準的收整之外，還要進一步掌握五金的安裝方式及門片的吊放方式、五金和其他部材之間的關係、以及五金本身的活動方式等【圖1、2】。從留意這些標準收整以外的地方，

（並非指會影響產品保固的改造行為），使裝修家具可以更美觀地融入空間中【圖3、照片】。新型家具五金的誕生，也都是從這些小地方展開的。

並用他廠的零件

側拉門五金的基本組合包括上軌、下軌、上滾輪、停止器和防晃等配件。其中防晃即使混用其他廠商的產品也不會對運作造成妨害。因此設計時，可以針對雙開側拉門片重疊部分的尺寸或與櫃體的關係，檢討是否要改用其他廠商的產品，甚至特別訂製。

再者，無論是側拉門或是平開門，收納家具的門片內外很容易產生溫度和濕度差，進而成為門片翹曲的原因。特別是有高度的大門片得更加注意。建議可以在門片內側放入矯正翹曲的五金。

圖1 | 側拉門的收整方法

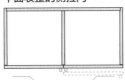

一般的雙開側拉門　　平面收整的側拉門

雙開側拉門的門片會重疊，因此得犧牲收納櫃的縱深。而且門片的大小看起來不一致、門片的面無法收整齊而不受歡迎。

最近各廠商都有推出平面收整的雙開側拉門，可多加參考。不過，因為櫃體上下部的五金專用空間很大，也會對收納量和收整方式造成影響。

圖2 | 側拉門的閉合部分

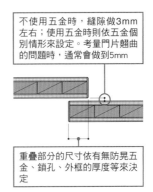

不使用五金時，縫隙做3mm左右；使用五金時則依五金個別情形來設定。考量門片翹曲的問題時，通常會做到5mm

重疊部分的尺寸依有無防晃五金、鎖孔、外框的厚度等來決定

圖3 | 側拉門的基本收整方式

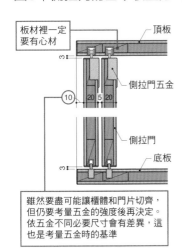

板材裡一定要有心材

頂板

側拉門五金

側拉門

底板

10　20　5　20

3

雖然要盡可能讓櫃體和門片切齊，但仍要考量五金的強度後再決定。依五金不同必要尺寸會有差異，這也是考量五金時的基準

圖4 | 安排側拉門五金的案例

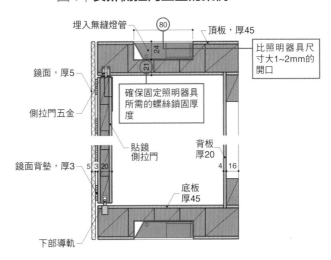

埋入無縫燈管　80　頂板，厚45

比照明器具尺寸大1~2mm的開口

24　21

鏡面，厚5

側拉門五金

確保固定照明器具所需的螺絲鎖固厚度

貼鏡側拉門

鏡面背墊，厚3　5　3　20

背板厚20

4　16

底板厚45

下部導軌

圖5 | 玻璃側拉門五金的收整方式

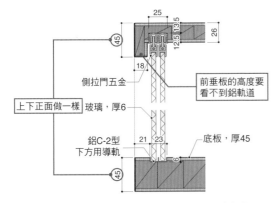

25　12.5　13.5　26

45

18

側拉門五金

前垂板的高度要看不到鋁軌道

上下正面做一樣　玻璃，厚6

鋁C-2型下方用導軌　21　23　底板，厚45　6

45

標準導軌和底板間的空隙太大會不美觀，因此改將鋁軌埋入底板裡做為防晃導軌。

照片 | 安排玻璃側拉門的例子

為了營造出看不見五金、只呈現玻璃側拉門的樣貌，因此以天花板的垂板隱藏吊掛五金，而且也不使用標準防晃導軌，而改為在底板埋入鋁軌。

設計・攝影：STUDIO KAZ

064
基本細部～板邊切口

POINT

- 切口的收整方式會影響設計。
- 以設計和性能需求決定切口材。

木製面材的處理方式

在裝修家具上，即使是一個板邊切口的形狀，也會對整體印象造成很大影響【圖1、2】。

使用實木板時，板材形狀和加工方法的選擇自由度很高。尤其是只有實木板才能保留原木邊緣、以「耳付」方式做完成面處理（參照第72頁）。除了實木板外，實木積層板和木心板也常會以露出板邊切口的方式呈現。這時候為了表現出層板堆疊的效果，也可以考慮將切口的形狀按原樣保留。

至於上述之外的材料，就要利用切口貼覆材來修飾。在切口使用貼覆材時，要依面材的種類、使用部位需具有的性能和設計分別採用。一般會使用和面材相同的材料，讓顏色、花紋看起來就像是一體成形。當面材是木貼皮時，則貼覆相同樹種的膠帶式木貼皮。此外，若依照使用部位來區分，門片通常使用膠帶式的即可；而頂板因為必須維持強度，所以會使用較厚的木薄片，有時甚至會貼兩片木薄片。過去，也有木工會在切口處貼上厚度4mm左右的薄木板，但這樣做無法塑造出俐落的外型。因為即使用同樹種、同色的材料修飾，但木貼皮和薄木板的塗裝上色方法不同，反而會讓切口與完成面形成明顯的差異。

樹脂製面材的處理方式

在美耐板或波麗合板的面材上，會貼覆切口專用的貼片或美耐板。因為美耐板的底材是黑色或深褐色，在板邊切口貼上美耐板時，邊緣接合處會露出黑色的線【照片】。若不喜歡那種感覺，也可以改用底材與面材同色的心材同色美耐板，但這種材料並非全色系都有，而且顏色還是會和面材有些許差異。即便有完全同色的材料，畢竟美耐板的厚度還是有1.2mm，一定會產生接縫問題。如果是不太要求強度的部位，建議還是貼覆較薄的DAP貼片就已足夠。只要注意不要產生溢膠，就可以整齊地收整好。

圖1 | 切口的設計

實木板

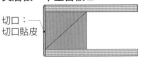

切口：
露出實木
切口

可簡潔地展示素材質感。

實木板（耳付）

切口：
露出實木邊緣

可凸顯實木的厚重感。

實木積層板

切口：
露出實木積層板

雖然是合板，但是是以實木原料組成。露出切口看起來很簡潔，但不是所有人都能接受。

夾層板、中空合板①

切口：
切口貼皮

以切口貼皮修整，給人簡潔的印象。

夾層板貼覆兩張木薄片，中空合板②

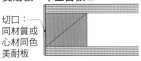

切口：
貼覆兩張木薄片

要保有頂板等處的切口強度，可在切口貼覆兩張木薄片。

夾層板，中空合板③

切口：
薄木板，厚度4~5mm

在切口貼覆薄木板可增加強度，但也會給人笨重的感覺。

共心合板

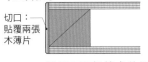

切口：
共心合板

使用外表和中心皆為椴木材料的共心合板，可降低成本。

美耐板、中空合板①

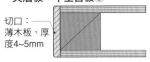

切口：
同材質或心材同色美耐板

切口有強度需求時，可以貼相同材質或心材同色美耐板。但有厚度的切口材會很顯眼。

美耐板、中空合板②

切口：
DAP貼片

貼覆DAP貼片時，切口材不會太顯眼，但無法期待強度。對一般門片來說，這樣就已足夠。

照片 | 在切口處貼覆美耐板

可以看到切口貼覆的美耐板底材顏色

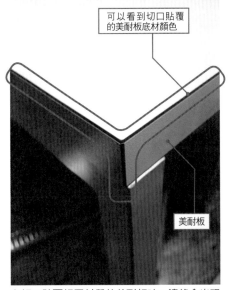

美耐板

在切口貼覆相同材質的美耐板時，邊緣會出現底材的顏色。大多數人都不會喜歡這種露出底色線條的感覺。

圖2 | 門片貼覆美耐板的方法

切口使用心材同色美耐板的例子

在切口處貼同色心材時，接頭部分會很顯眼

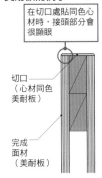

切口
（心材同色美耐板）

完成面材
（美耐板）

完成面材、板邊切口都使用心材同色美耐板美耐板，且切口先貼的案例

以心材同色美耐板做完成面、而且指定先貼切口時，雖然增加成本，但可以讓接頭部分不會太顯眼

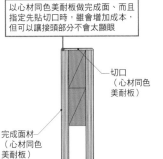

切口
（心材同色美耐板）

完成面材
（心材同色美耐板）

065
基本細部～分割縫

將機能上必要的分割縫及造形設計上的分割縫整合起來思考。
讓分割縫的寬度尺寸具有意義。

決定家具印象的分割縫

分割縫的設計對家具的影響很大。由於分割縫的寬度和呈現方式左右了家具給人的印象和美觀，因此必須特別注意並將其納入設計當中。再者，為了讓門片和抽屜能順暢地開關，必須設置「最小活動空間」，設計時可以將這個空間直接當做分割縫來活用。分割縫的寬度會隨使用的五金而不同，因此也可以將分割縫當做選擇五金的基準之一。

雖然也可以將家具的牆面退縮板、底座退縮板、天花板退縮板視為分割縫的一種，但當寬度超過 20mm 時，所代表的意義會完全不同。分割縫寬度並非只與家具本身有關而已，如果可以將分割縫的概念擴及至整體空間來思考的話，就可以大幅提升裝修家具的價值。例如當家具和房間的側拉門鄰接時，可將側拉門與上下天花板及地板間的間隙、家具的底座退縮板、及家具的天花板退縮板高度整合起來；或是反過來，將收納門片在分割位置上的分割縫延伸至門框，將整體空間收整好【圖】。

分割縫寬度的決定方式

分割縫的寬度要一致，混用 2mm 和 3mm 分割縫的家具一點也不美觀。

門與門之間的分割縫會受西德鉸鏈的遮蓋量所影響。當櫃體的板材厚度是 20mm、鉸鏈遮蓋量為 18mm 時，自然縫就是 2mm。如果是門片共用垂直立板時，門與門的分割縫可以做成 4mm。這個 4mm 的分割縫數值往往就是整合所有家具分割縫寬度的標準尺寸。不過要注意的是，若門片與門片間的分割縫恰好在非櫃體切口的位置上，因後方沒有擋板，4mm 的縫隙反而會讓外部直接看到櫃體裡面。門片上設置手孔時，寬度最小需要 16mm，但可以的話希望能做到 20mm。此時如果也將家具的牆面退縮板、底座退縮板、天花板退縮板統一成 20mm，就可以消減「退縮縫」的感覺。這時，建議也將房間的踢腳板高度做成 20mm，可以使空間整體更具一致感。此外，完成面材端部的角面大小和形狀也會影響分割縫的呈現，比如說做成斜面還是圓面，都會改變給人的印象。

圖｜分割縫的設計

整合門片（抽屜）分割縫的考量方法

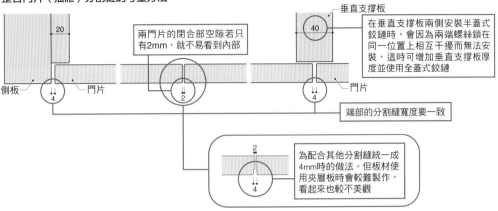

垂直支撐板

在垂直支撐板兩側安裝半蓋式鉸鏈時，會因為兩端螺絲鎖在同一位置上相互干擾而無法安裝，這時可增加垂直支撐板厚度並使用全蓋式鉸鏈

兩門片的閉合部空隙若只有2mm，就不易看到內部

側板　　門片

端部的分割縫寬度要一致

門片

為配合其他分割縫統一成4mm時的做法。但板材使用夾層板時會較難製作，看起來也較不美觀

將分割縫寬度設定一致

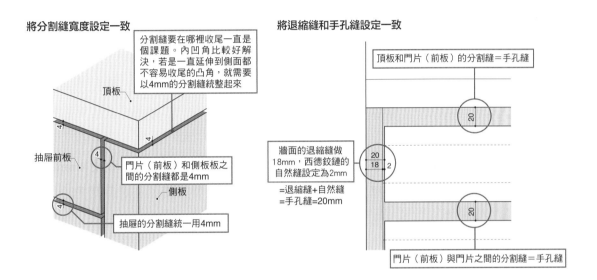

分割縫要在哪裡收尾一直是個課題。內凹角比較好解決，若是一直延伸到側面都不容易收尾的凸角，就需要以4mm的分割縫統整起來

頂板

抽屜前板

門片（前板）和側板板之間的分割縫都是4mm

側板

抽屜的分割縫統一用4mm

將退縮縫和手孔縫設定一致

頂板和門片（前板）的分割縫＝手孔縫

牆面的退縮縫做18mm，西德鉸鏈的自然縫設定為2mm
=退縮縫+自然縫
=手孔縫=20mm

門片（前板）與門片之間的分割縫＝手孔縫

將房間中的分割縫設定一致

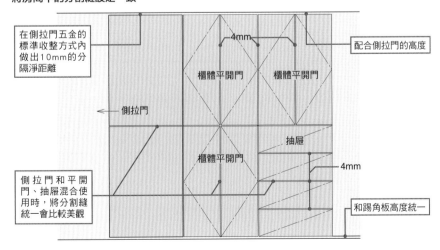

在側拉門五金的標準收整方式內做出10mm的分隔淨距離

4mm

配合側拉門的高度

櫃體平開門　　櫃體平開門

側拉門

抽屜

櫃體平開門

4mm

側拉門和平開門、抽屜混合使用時，將分割縫統一會比較美觀

和踢角板高度統一

066
設備相關細部～電氣設備

POINT
- 規劃時需確保線路的路徑和變壓器的放置空間。
- 正確地指示從牆壁、地板、天花板的出線位置和出線長度。

在家具中安裝照明

裝修家具和既製品家具最大的不同，在於裝修家具可以將設備等組合進來。在電氣方面，組合到家具裡的設備有：照明、插座、開關、電視、電話、網路等。在廚房方面，則會和給水、瓦斯、換氣設備等形成複雜的組合（參照第232頁）。組入裝修家具中的照明則可分為照亮家具內部的直接照明，以及做為空間整體照明計畫一部分的間接照明兩種。

現在的直接照明幾乎都是使用LED。和過去的鹵素燈比起來，LED的發熱量少且器具光源體積也都比較小，容易裝設在家具的一側，又不太會因為溫度而造成家具的傷害。另一方面，間接照明因為得與整體空間的照明計畫合併考量，無縫螢光燈或LED都很適合與家具結合。不論是採直接或間接照明，因為幾乎所有的LED都有變壓器，設計時不要忘了確保變壓器的放置空間，而且也要設置檢修口，以便日後維修保養。

安裝插座

電氣設備的配線方面，一般會從插座的安裝位置上將線材直接從牆壁中拉出；照明的電源或安裝於側板的插座線，則統一從牆壁或地板拉出、再從家具的背板側（單面中空板）和預先配置好的板材中通過。為了將插座本體和接線部分埋入家具中，板材的厚度必須有60mm以上【圖1】。再者，為了不讓設備面板從家具板材上凸出，也會在設備面板周邊向內鑿10mm左右的凹槽，以便安裝面板【圖2】。廚房的作業空間也會有安裝插座的需求，若無法安裝於正面牆壁上的話，通常會安裝在吊櫃底部。埋入層板燈時，底板厚度必須控制在45mm，或是有家具用插座的話，也可以將層板燈和插座整合在一起。

圖1│在家具上安裝插座

吊櫃剖面圖〔S＝1：30〕

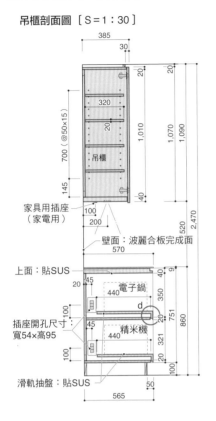

385
30
20
20
320
1,010
1,070
1,090
700（@50×15）
20
吊櫃
145
家具用插座
（家電用）
40
100
200
2,470
壁面：波麗合板完成面
570
520
上面：貼SUS
40
9
20
45
電子鍋
440
350
751
d
20
860
插座開孔尺寸：
寬54×高95
45
精米機
440
321
100
20
滑軌抽盤：貼SUS
50
100
565

吊櫃仰視圖〔S＝1：30〕

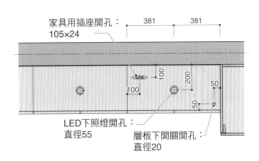

家具用插座開孔：
105×24
381
381
100
100
200
50
50
LED下照燈開孔：
直徑55
層板下開關開孔：
直徑20

層架下的插座

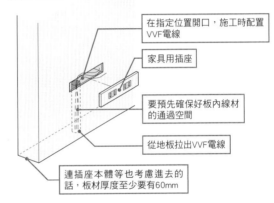

在指定位置開口，施工時配置
VVF電線

家具用插座

要預先確保好板內線材
的通過空間

從地板拉出VVF電線

連插座本體等也考慮進去的
話，板材厚度至少要有60mm

圖2│讓開關不顯眼的方法〔S＝1：4〕

以鑿板方式收納開關

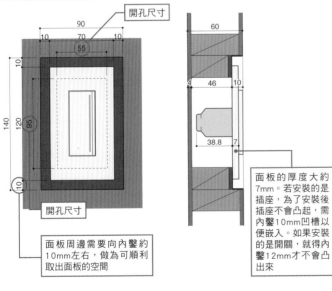

開孔尺寸
90
10 70 10
55
60
10
120
140
95
4 46 10
38.8 7
10
開孔尺寸

面板周邊需要向內鑿約
10mm左右，做為可順利
取出面板的空間

面板的厚度大約
7mm。若安裝的是
插座，為了安裝後
插座不會凸起，需
內鑿10mm凹槽以
便嵌入。如果安裝
的是開關，就得內
鑿12mm才不會凸
出來

把開關收納在層板的凹槽內。

設計·攝影：STUDIO KAZ

151

067
設備相關細部～換氣設備

POINT

- 以看不見百葉內部的方式調整尺寸。
- 讓空調機不會產生出風不順的情形。

透過百葉換氣

將空調組裝到家具當中，應該也只有裝修家具才能做到吧。

在家具中配置換氣口管線、或是在放置空調機的家具上部做成百葉的案例相當多。如此一來，醜陋的換氣口消失了，天花板也會變得清爽。此時要注意的是開口面積，空調的換氣口都有經過風量計算，若家具上設置的開口太小，不只無法確保必要的換氣量，還可能會產生擾人的風切聲。因此，務必向設備設計者[4] 確認必要開口尺寸、計算開口部的實際面積。這和百葉整體的大小（面積）是不一樣的，千萬別搞混了。設計分離式空調系統（FCU）的室內出風口時，也是採用相同的方式。

這時，如果百葉的間隔太大，就會透視到內部而失去百葉的的意義。將塗裝作業也一併考量的話，百葉的適當間隔大約在 14~20mm 左右【圖1】。必須大於這個間隔時，就要加深每一片百葉的縱深，在不易看到內部等細節上多下工夫。

組入空調機

使用壁面置入型空調機時，只要確保在家具某處所需的置入空間，再裝上機器附屬的百葉就可以了。不過，如果要裝修得精細些，最好再自行製作百葉。由於一般壁面置入型空調機本體的正面上部是吸氣口、下部是出風口，設計百葉時也要留意不要搞混了內部的這兩個通風口，以避免造成循環短路。

此外，還有在家具上組入壁掛空調機的情形。這時要以不產生出風滯留為目標，在百葉和底板上多下工夫【圖2】。可以的話，空調機的下部最好是連百葉都不要裝。再者，空調機感知溫度的機制種類有好幾種，這部分也務必先確認清楚，以免影響實際操作。

譯注：
4. 日本設有「建築設備士」負責建築中的空調、給排水、電氣等多種領域，當建築師在設計或監造容積樓地板面積 2,000 平方米以上的建築物時，必須徵詢建築設備士的意見。台灣並無直接對照的統合性技師 (性質最接近的可能是建築師)，而是由電機、環工、空調等專業技師分別簽證、執行相關業務。

圖1 | 百葉的考量方法

基本百葉

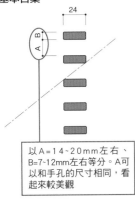

24

以A＝14～20mm左右、B＝7～12mm左右等分。A可以和手孔的尺寸相同，看起來較美觀

寬型百葉

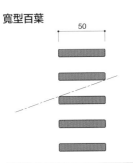

50

以無法看入內部的方式調整百葉的厚度和寬度、間距。雖然百葉的寬度愈大愈難看到內部，但進行塗裝時也會愈困難

壁面置入型空調機用百葉〔S＝1：5〕

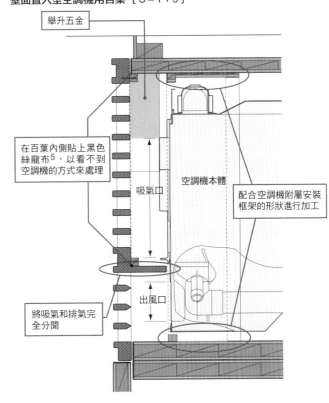

舉升五金

在百葉內側貼上黑色絲龍布[5]，以看不到空調機的方式來處理

吸氣口

空調機本體

配合空調機附屬安裝框架的形狀進行加工

出風口

將吸氣和排氣完全分開

圖2 | 壁掛式空調機的安裝方式

百葉門

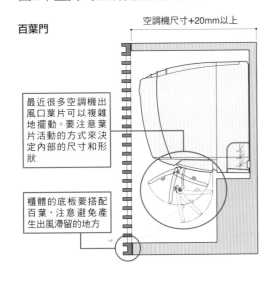

空調機尺寸＋20mm以上

最近很多空調機出風口葉片可以複雜地擺動。要注意葉片活動的方式來決定內部的尺寸和形狀

櫃體的底板要搭配百葉，注意避免產生出風滯留的地方

櫃體上下透空

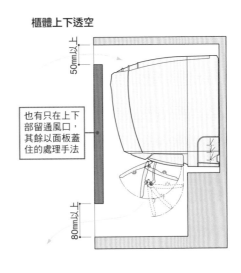

50mm以上

也有只在上下部留通風口，其餘以面板蓋住的處理手法

80mm以上

譯注：
5. 絲龍（saran）是由 PVDC（聚偏氯乙烯）製成的合成纖維。可使用於包裝材料，或是音響網布、空氣過濾網等。

068
玄關收納①

POINT

● 需在層板托設置間隔和傘用掛管的位置上多下工夫。
● 利用照明讓玄關看起來更寬闊。

注意鞋子的大小

不只是玄關收納，所有收納計畫的第一步都是從整理要收納的物品開始。而在玄關收納的物品主要有鞋子、鞋保養用具、雨傘，以及依各家庭不同也可能有拖鞋、大衣類、帽子、印鑑等。

這些收納物多少有些變化，但尺寸不會差太多，並不難計畫。其中只有一個要特別注意的就是鞋子。最好能將層架托的間距設定得密一些，以便日後容易調整高度。例如平常設定為 40~50mm 的間距，就改做成 20~30mm，以配合不同高度的鞋子。問題是收納櫃的縱深，最近的鞋子設計很多樣化，也有不少是鞋底比鞋身大的情況。以往縱深只要有 300mm 就很足夠，但現在可能連小腳者的鞋都會不夠放。寬度方面也是，若門片寬度只著重在設計感的話，實際使用時可能會有一些不上不下的多餘空隙。因此，務必先仔細了解業主的鞋子尺寸後再計畫。

加入照明成為夜燈

玄關的收納櫃如果是以收納容量為優先考量的話，做成從地板一直延伸到天花板的收納櫃是最適合的。不過，為了減輕本身就不寬敞的玄關給人的壓迫感，可以在櫃體中間位置留出一個空間做成壁龕式的設計，用來放置花或照片【圖2】。在傘的收納方面，光是淨高度就必須有1m，將櫃體的底座退縮板高度等也考量進去後，會需要 1.2m 左右，這個高度不太適合設計成矮櫃。

再者，從地板往上算起 200mm 左右的高度設置照射底板的腳燈，也能增加玄關的氣氛【圖1】。如果是採用 LED 或螢光燈，也可當做夜燈使用。這時，也要注意地板的材質，若地板映照出燈形，苦心營造出的氛圍會瞬間泡湯。

圖1 | 附腳燈玄關收納櫃

平面圖（上部）〔S＝1：30〕

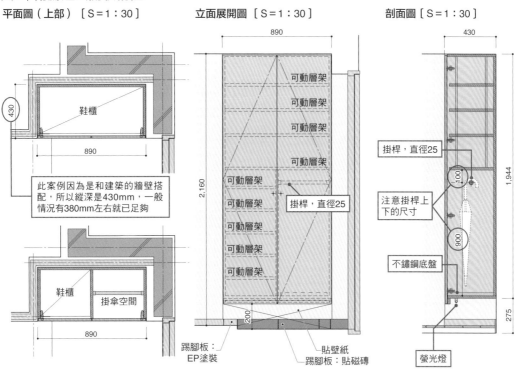

430

鞋櫃

890

此案例因為是和建築的牆壁搭配，所以縱深是430mm，一般情況有380mm左右就已足夠

鞋櫃

掛傘空間

890

立面展開圖〔S＝1：30〕

890

可動層架
可動層架
可動層架
可動層架
可動層架
可動層架
可動層架
可動層架
可動層架

掛桿，直徑25

2,160

200

踢腳板：EP塗裝

貼壁紙
踢腳板：貼磁磚

剖面圖〔S＝1：30〕

430

掛桿，直徑25

100

注意掛桿上下的尺寸

900

不鏽鋼底盤

螢光燈

1,944

275

圖2 | 附壁龕玄關收納櫃

在一半高度的地方設置壁龕空間，緩和玄關的壓迫感。

設計：STUDIO KAZ　攝影：山本まりこ

立面展開圖〔S＝1：30〕

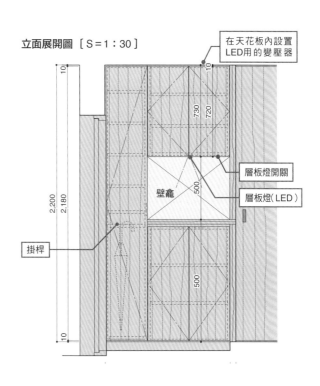

在天花板內設置LED用的變壓器

10

10

730 720

壁龕

500

層板燈開關
層板燈（LED）

2,200 2,180

掛桿

500

10

069
玄關收納②

POINT

● 在玄關收納櫃中加入放鞋之外的機能。
● 在狹小的玄關空間裡設置矮凳。

雨傘、拖鞋的收納

　　雨傘是玄關常見的收納物。以收納方式來說，把傘柄掛在掛桿上就完成了，但折疊傘和直柄傘就無法直接掛上。此時可以在掛桿上裝 S 型掛勾【圖1】、或者在靠近櫃門的下方處再加一支掛桿。總之要以不讓雨傘倒下為前提，考量收納雨傘的內部尺寸，以及讓雨傘不會倒下的機能尺寸。立傘的底部一般會放置不鏽鋼接水盤。這個接水盤可以使用既製品，或者依尺寸訂作。即使很有限，但無論如何也要增加櫃子內部淨尺寸的話，把接水盤嵌入底板中也是不錯的方法。因為幾乎所有的盤子都有邊緣，只要將邊緣掛在底板的開孔上就完成了。

　　拖鞋務必以房屋主人面對玄關的方向取出。如果鞋櫃的位置是在玄關台階內側的話，可以將拖鞋和鞋子並排擺放，設計時需注意門片的開啟方式。如果櫃體緊鄰玄關台階邊緣時，拖鞋收納櫃的門片就要安裝在側面，讓門朝向室內開啟；無法取得足夠縱深時，可以採用讓拖鞋交疊立放的方式收納。並以正面設計為優先考量，讓正面看不出來收納鞋子與拖鞋的門片有何不同【圖2】。

玄關凳

　　若能在玄關放一張凳子會很方便。不只是穿鞋時可以用，在有高齡長輩的住宅中更是實用。因為只是暫坐一下，所以不必有正常椅子的縱深，但仍然要注意坐下時不會因為凳子的縱深過淺而讓背部撞到牆壁【圖3】。

　　不過，有寬敞玄關的住宅相當少。特別是大樓裡，只會留最低限度的玄關空間。這時可以考慮使用摺疊凳【圖4】。雖然也可直接使用既製品，但還是務必試著設計看看。例如將折疊凳埋入牆壁中，同時考量耐重度，若能固定於間柱上[6]，就會很穩固。

譯注：
6. 間柱是用來固定、安裝壁板的立柱，不負擔主要結構力。

圖1 | 雨傘的收納空間

掛桿

S型掛勾

1,000

防倒桿

400

不鏽鋼底盤
（埋入底板）

圖2 | 可放拖鞋的玄關收納櫃

為了方便主人拿拖鞋給訪客，鞋櫃的門片
要朝向室內側開啟，以方便拿取

門片轉角做45度斜角處
理（參照201頁圖⑥）

鞋櫃

FIX

拖鞋收納櫃

鞋子由此放入
（玄關的入口
側）

拖鞋由此放
入（玄關的
室內側）

地板

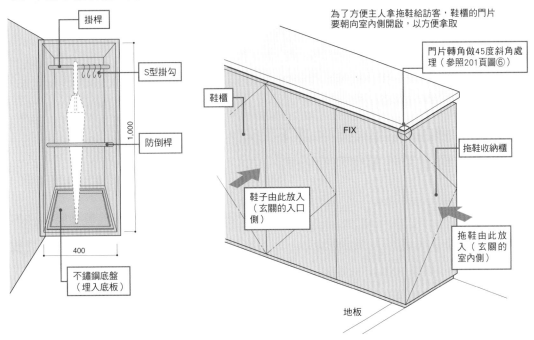

圖3 | 玄關壁龕式矮凳的提案

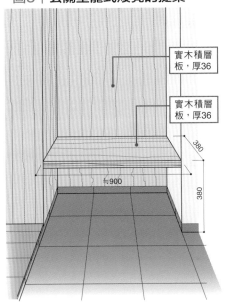

實木積層
板，厚36

實木積層
板，厚36

380

≒900

380

在玄關設置的壁龕式矮凳。和壁面以相同材質
（實木積層板）施作。

圖4 | 折疊式玄關凳的提案

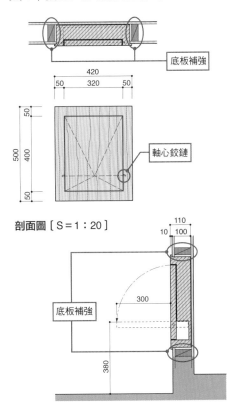

底板補強

420

50 320 50

50

500 400

50

軸心鉸鏈

剖面圖［S＝1：20］

110

10 100

300

底板補強

380

070
電視、音響收納

POINT

在視聽線的路徑和處理上多下工夫。

考量薄型電視的厚度和存在感。

電視和投影幕

最近液晶和電漿等的薄型電視已成為家庭主流，價格也逐漸大眾化，並朝向大型化發展。此外，因為薄型電視可以壁掛設置，放置場所的自由度也變大了。不過，DVD和藍光放映機的尺寸並沒什麼變化，安裝時仍需要一定的櫃體縱深。

當然，若能在設計階段就確實計畫好，電視和視聽機器就能放置在不同地方，確保電視的放置空間不會受到家具縱深的限制。

電視和視聽（AV）機器在使用時都會發熱。發熱是造成故障的原因之一，因此設計時必須考量散熱問題。再者，計畫收納視聽機器的家具時，務必確認好配線路徑和插頭尺寸。若因為家具預留給機器的空間太小，導致機器背面的插頭頂到壁面，就會造成無法安裝的困擾。

近幾年，家庭劇院的需求高漲，許多人會在家中安裝投影機和投影幕，使得投影幕的收納方式也成了設計上的重要課題。如果投影幕不能裝設在天花板裡頭，那麼就必須收納在家具裡頭，此時可以設計成固定的投影幕盒，或是做成拉出式的，不使用時可收起來，強調美觀性。不過，100吋的投影幕寬度就要將近3m，要讓投影幕能平穩地拉出，就必需在五金上多下工夫【圖】。

消去電視的存在感

筆者曾做過一個收納電視的家具提案。利用魔術鏡（單向玻璃）讓電視在不使用時，外表看起來就像一片深色鏡面及天然石板所構成的牆面裝飾架。按下遙控器後，利用魔術鏡的作用浮現出電視中的影像。這樣的做法，讓電視本體的存在感消失了，成為只有影像從牆面上透出來的裝置【照片】。

圖｜視聽機器收納的例子

平面圖〔S＝1：40〕

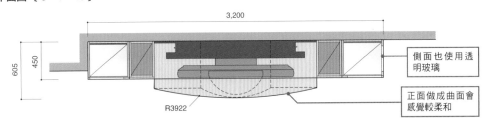

3,200

605
450

R3922

側面也使用透明玻璃

正面做成曲面會感覺較柔和

正面圖〔S＝1：40〕

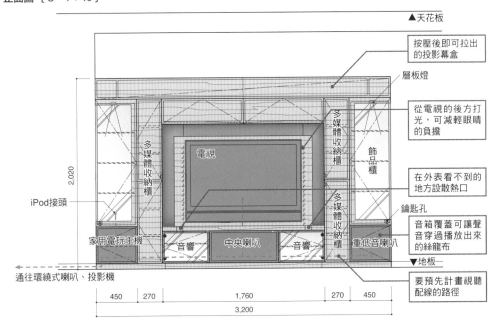

▲天花板

按壓後即可拉出的投影幕盒

層板燈

從電視的後方打光，可減輕眼睛的負擔

在外表看不到的地方設散熱口

鑰匙孔

音箱覆蓋可讓聲音穿過播放出來的絲籠布

要預先計畫視聽配線的路徑

多媒體收納櫃

飾品櫃

多媒體收納櫃

電視

多媒體收納櫃

iPod接頭

2,020

家用電玩主機

音響

中央喇叭

音響

多媒體收納櫃

重低音喇叭

▼地板

通往環繞式喇叭、投影機

450 270 1,760 270 450

3,200

照片｜使用魔術鏡的電視收納

將薄型電視收納在魔術鏡內。按下開關後只會浮現影像，看不到電視的外框。雖然現在的電視愈來愈薄，但即使貼近牆壁安置，仍然會在室內有很大的存在感。因此以「乾脆做成牆壁」的想法提案的家具設計。

設計：STUDIO KAZ　攝影：山本まりこ

071
嗜好展示櫃

- **把「大無法兼顧小」的想法放在心裡，決定家具的大小和縱深。**
- **考量裝飾對象決定照明的位置和效果。**

嵌入牆壁內的收藏展示櫃

　　筆者曾做過一個大樓住宅的全面翻修案，業主是一位公仔收藏家。而建築中只有走廊的牆面，才能將原本散落各處、數量眾多的公仔集中在一起，因此，決定將更衣室和走廊的分隔牆做成收藏展示櫃。層板的部分採木工工事現場施作；為了防止塵埃及地震時物品掉落，在櫃體前方安裝壓克力板。為了嵌入壓克力板，層板上需鑿出溝縫，並採取從側拉門處插入壓克力板的方式安裝【圖1】。

　　另一件在客廳牆面上製作含書架的展示櫃委託案中，筆者提案採用不對稱交錯層板的設計方式。先設想過書本的不同尺寸來決定層架的間隔。除了書本外，展示櫃也會擺放其他物品。透過這樣的配置，更能展現出空間的躍動感。

在照明上下工夫

　　在展示櫃上組裝照明的例子也很多。除了會使用家具用的下照式 LED 燈從上方照射光線外，也有像店鋪展示櫃那樣在層架前端裝上細長的螢光燈管，由上方打亮層架的方法。也可以有其他的發想，像是把背面照亮，或者從前方向上打燈的方法【圖2】。近年來因為 LED 技術的進步，將 LED 組入家具的情況也變多了。LED 不太會發熱，也不必考慮更換燈泡，可以很俐落地使用在家具中。

　　家具用照明多半是 12V 或 24V 的規格，必須裝變壓器。計畫時要因應照明器具的瓦數來決定變壓器的數量，並確保放置的空間。還有，變壓器要設置在可散熱的地方。

圖1 │ 在走道設置收藏展示櫃的例子

立面展開圖［S＝1：50］

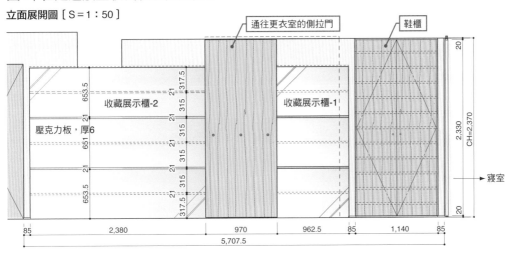

通往更衣室的側拉門

鞋櫃

收藏展示櫃-2

收藏展示櫃-1

壓克力板，厚6

寢室

653.5　21　317.5
21　315
651　315
21　315
653.5　21　317.5
2,330　CH＝2,370
20
20

85　2,380　970　962.5　85　1,140　85
5,707.5

圖2 │ 利用結構用竹節鋼筋製作的展示櫃

平面圖［S＝1：30］

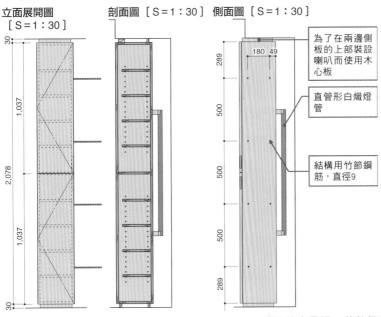

300
300

配線用槽溝（10×4）

結構用竹節鋼筋，直徑9

立面展開圖
［S＝1：30］

剖面圖［S＝1：30］

側面圖［S＝1：30］

30
1,037
2,078
1,037
30

289
500
500
500
289

180　49

圖1的實景照。將連結寢室和客廳的走道牆面做成收藏展示櫃。因為是每天都會經過的地方，具有連結嗜好和生活的功能。

設計：STUDIO KAZ
攝影：Nacása & Partners

為了在兩邊側板的上部裝設喇叭而使用木心板

直管形白熾燈管

結構用竹節鋼筋，直徑9

裝飾架收整詳圖
［S＝1：3］

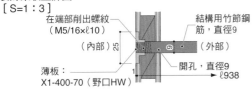

在端部削出螺紋
（M5/16×ℓ10）

（內部）25

薄板：
X1-400-70（野口HW）

結構用竹節鋼筋，直徑9

（外部）

開孔，直徑9
ℓ938

圖2的實景照。將數個寬度300mm的方柱狀收納櫃等距排列好，彼此以結構用竹節鋼筋連結。紅酒可以直接放置在竹節鋼筋上；或是在鋼筋再放上一片壓克力層板做裝飾；也可以掛上壁毯，變成多功能的展示櫃。

設計：STUDIO KAZ　攝影：坂本阡弘

072
洋溢高級感的家具

POINT

- 整合材料、完成面、細部，創造出「高級感」。
- 利用既製品的裝飾部件。

材料、完成面、細部

設計任何以裝飾為目的的層架時，都必須與裝飾物的氛圍、質感相結合。當然，也必須搭配房間的整體氣氛。

最先要考慮的是材料和完成面處理。最簡單的方式是，頂板用光面天然石、門片的表面採光面處理。若是想強調木紋，就要在樹種選擇上多費心。我想答案絕不會是質地鬆軟的松木材。

頂板的切口是方形時，只要讓切口略帶弧度就可以使氣氛為之一變。切口的形狀愈複雜，裝飾感就愈強。設計時可以在門片的邊緣、外框的形狀上施作裝飾。側板的部分也留意不要遺漏掉；當家具無法收整到牆壁內時就必須做側板，但太薄的側板看起來又顯得很貧弱。再者，門片採用鑲板時，也要檢討櫃體側面是否也同樣使用帶邊框的設計。

此外，也可以利用原本用來填補家具和建築間精度差的「退縮縫」做變化。一般家具與牆面之間的退縮縫是 20mm 左右，並與櫃體面切齊（位置比門片面更為內縮）。此時只要將牆面退縮縫拉大（50~100mm），並凸出和門片正面切齊，就可增加家具的厚重感（參照第 137 頁圖 2）。

使用市售的裝飾線材

許多的廠商都會推出建築、家具用的裝飾線材製品。可從中選出能搭配家具氛圍、尺寸及形狀的產品【圖】。這類產品還可以依完成面區分為全覆蓋塗裝用和表現木紋的產品。

無論怎樣都找不到可用的既製品時，也可訂製銑刀自製。先繪製 1/1 比例圖，製作銑刀並加工。雖然花費較高，但可以滿足完成面處理的需求。

圖｜以既製品的裝飾部件組合成的暖爐

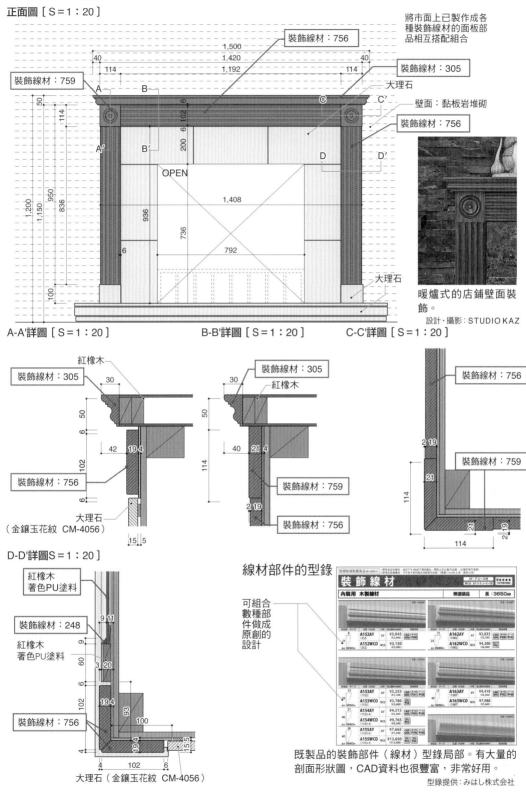

正面圖［Ｓ＝1：20］

將市面上已製作成各種裝飾線材的面板部品相互搭配組合

裝飾線材：756

裝飾線材：305

大理石

壁面：黏板岩堆砌

裝飾線材：756

裝飾線材：759

OPEN

1,500
1,420
1,192
40
114
114
40

50
114
102 6
200 6
6

1,200
1,150
950
836
936
736
100
6

1,408
792

暖爐式的店鋪壁面裝飾。

設計・攝影：STUDIO KAZ

大理石

A-A'詳圖［Ｓ＝1：20］

紅橡木

裝飾線材：305

裝飾線材：756

大理石
（金鑲玉花紋 CM-4056）

30
50
102
42
194
6
6
15 5

B-B'詳圖［Ｓ＝1：20］

裝飾線材：305

紅橡木

裝飾線材：759

裝飾線材：756

30
50
114
40
21 4
2 19

C-C'詳圖［Ｓ＝1：20］

裝飾線材：756

裝飾線材：759

114
2 19
21
21
114
2 19

D-D'詳圖Ｓ＝1：20］

紅橡木
著色PU塗料

裝飾線材：248

紅橡木
著色PU塗料

裝飾線材：756

大理石（金鑲玉花紋 CM-4056）

9 11
9
3 20
6
60
102
194
93
100
4
194
15.5
4
102
6

線材部件的型錄

可組合數種部件做成原創的設計

既製品的裝飾部件（線材）型錄局部。有大量的剖面形狀圖，CAD資料也很豐富，非常好用。

型錄提供：みはし株式会社

1
2
3
4
5
設計與細部
6

163

073
書櫃

POINT

計畫書櫃時要考量可承受的重量。
設計取決於房間的氛圍和書的種類、放置方式。

基本要素是支撐板和層板

書本的尺寸大致上是很固定的。設計前透過訪談釐清業主持有的書本類型，以決定書櫃的高度。將整個書櫃設計成可動式的，就可提升使用上的自由度，做到不浪費空間的收納。但光是這樣的書櫃很單調乏味，還是希望能透過設計讓書櫃變得更美觀。

構成書櫃的基本要素是垂直支撐板和水平層板。最簡單的配置方式是用木質核心板做垂直支撐板，兩側裝上層板固定軌，通常由木工工事現場施作即可。這時候，考量到書本重量，建議層板的厚度控制在 21mm、寬度控制在 600mm 左右。比這尺寸更大的層板就必須加厚，或是在背板中央處再加一處層板托、以五個支點來支撐層板。不論如何都想做大跨距層板時，使用以鋼管為心材的中空板，就能進一步加大跨距範圍。不過，這種設計要透過工廠製作的家具工事來執行。

書櫃的設計

因為書櫃的構成要素只有垂直支撐板和水平層板兩項，所以必須思考在設計中想要強調哪一項。

希望強調水平線條時，要注意垂直支撐板的位置和大小，背板則以看起來像牆壁的方式來表現。比如說，可以試著加厚層板，讓垂直支撐板的縱深比層板小、並且隨機配置，垂直支撐板的顏色也和層板不同。這樣一來，垂直支撐板看起來就變得像一本立著的書般、存在感消失了【圖1、2】。再者，利用垂直支撐板的隨機配置，能將書本的重量確實地傳到下方，這在結構上也是有利的。

不過，若把垂直支撐板的寬度加大、再施以誇張的裝飾，看起來就會如同列柱一般，稍不注意書本的排列方式，整個書櫃就會看起來很滑稽。另外，也有將所有板材的寬度統一、做成格子狀以強調正面的手法。不管是採用哪一種設計，都要以書櫃的整體大小、使用者動線來決定。

圖1│強調水平線條的書櫃［S＝1：40］

層板、垂直支撐板：紅柳安夾板，OS塗裝

※層板、垂直支撐板：全部均為厚50

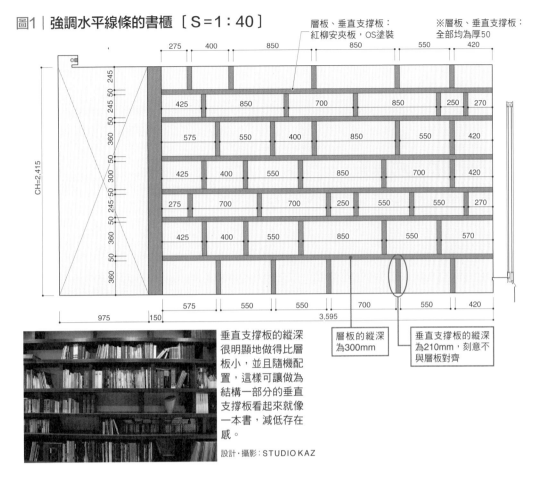

275　400　850　850　550　420

425　850　700　850　250　270

575　550　400　850　550　420

425　400　550　850　700　420

275　700　700　250　550　270

425　400　550　850　550　570

CH=2,415

245　50　245　50　360　50　300　50　245　50　360　50　360

575　550　550　700　550　420

975　150　3,595

垂直支撐板的縱深很明顯地做得比層板小，並且隨機配置，這樣可讓做為結構一部分的垂直支撐板看起來就像一本書，減低存在感。

層板的縱深為300mm

垂直支撐板的縱深為210mm，刻意不與層板對齊

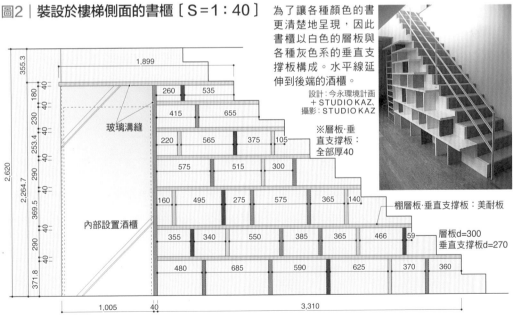

設計‧攝影：STUDIO KAZ

圖2│裝設於樓梯側面的書櫃［S＝1：40］

為了讓各種顏色的書更清楚地呈現，因此書櫃以白色的層板與各種灰色系的垂直支撐板構成。水平線延伸到後端的酒櫃。

設計：今永環境計画＋STUDIO KAZ、攝影：STUDIO KAZ

※層板‧垂直支撐板：全部厚40

棚層板‧垂直支撐板：美耐板

層板d＝300
垂直支撐板d＝270

玻璃溝縫

內部設置酒櫃

1,899

355.3　180　40　230　40　253.4　40　290　40　369.5　40　290　40　371.8　40

2,620　2,264.7

260　535

415　655

220　565　375　105

575　515　300

160　495　275　575　365　140

355　340　550　385　365　466　59

480　685　590　625　370　360

1,005　40　3,310

074
書桌

POINT

- 計畫時明訂使用目的。
- 從紙張和文具的尺寸思考抽屜的淨尺寸。

做為收納系統的一部分

設計者遇到製作書桌的機會通常會比其他的收納家具來得少。不過，事實上還滿常遇到為了搭配兒童房、書齋收納系統而製作書桌的情形。

頂板的材質雖然沒有特別要求，但還是建議選用耐磨性較高的材料。頂板的耐重性方面，則要考量使用者可能會撐著或靠著桌板，所以耐重性要設計得高一些。

就縱深來說，因為書桌相當占空間，設計上一定要好好地檢討。最近的電腦都是使用較薄的液晶螢幕，筆記型電腦的性能也不斷提升和普及，因此現在的書桌縱深可以設計得比以前淺一些。作業用的書桌縱深要有 650mm 以上；若只是為了使用電腦，縱深有 500mm 就已足夠【圖1】。傳統上在頂板下做鍵盤抽屜的情況也變少了。

書桌的寬度要依與周邊的關係來判斷。左右兩側被牆面包圍時，寬度要有 700mm 左右；若是在開放性的空間裡，最小也要有 600mm。

抽屜的配置

書桌多半會在頂板下設淺抽屜，並在側邊做多層的抽屜。雖然和使用者的身材有關，但仍建議桌下讓腿伸入的高度空間要確保有 600~630mm。若是習慣翹腿的人則必須設定得更高些。先確保了腿伸入的空間後，才能檢討抽屜的配置【圖2】。頂板的高度在 700~750mm 時，頂板的厚度＋抽屜的前板高度大約是 100mm 左右。抽屜內的縱深希望至少要有 45mm 以上，因為這是木工可製作的極限尺寸，再小的板材會難以在現場加工。

此外，側邊抽屜要依用途來決定。一般多半是收納 A4 資料夾和 CD-ROM、DVD。偶爾也會像辦公室般需要安裝抽屜鎖。

圖1│書房書桌的例子

平面圖［S＝1：50］

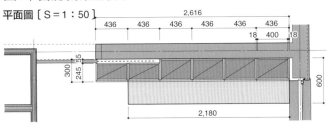

2,616
436 436 436 436 436 436
18 400 18
300 245 55
600
2,180

裝修表

頂板：心材同色美耐板
門片：椴木合板OSCL
內部：椴木合板CL
層架燈：LUS-M2-90PS+FLR36T6-
　　　　WW（NIPPO）× 2set

立面展開圖［S＝1：50］

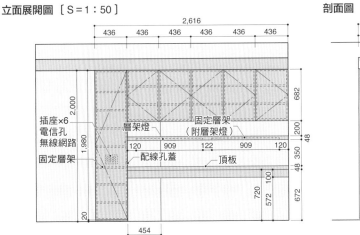

2,616
436 436 436 436 436 436
682
2,000
200
48
1,980
120 909 122 909 120
350
48
720 100
572 672
20
454

插座×6
電信孔
無線網路
固定層架
層架燈
固定層架（附層架燈）
配線孔蓋
頂板

剖面圖［S＝1：50］

300
245 55
190
245
277
204 73
配線孔蓋
48 50
720 672
100
600

層架燈收整方式詳圖［S＝1：5］

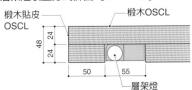

椴木貼皮
OSCL
椴木OSCL
48
24 24
24 24
50 55
層架燈

木工所做的書房書桌。考量頂板
的耐磨性而使用了美耐板。櫃
體、門片使用全覆蓋塗裝的椴木
合板。

設計・攝影：STUDIO KAZ

圖2│抽屜的收整方式

抽屜的基本收整方式
［S＝1：10］

側邊抽屜的基本收整方式
［S＝1：10］

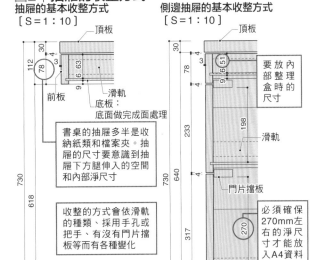

頂板
30 4
112 78
6 63
9
前板
滑軌
底板：
底面做完成面處理
730 618

書桌的抽屜多半是收
納紙類和檔案夾。抽
屜的尺寸要意識到抽
屜下方腿伸入的空間
和內部淨尺寸

收整的方式會依滑軌
的種類、採用手孔或
把手、有沒有門片擋
板等而有各種變化

頂板
30 3
6 51
9
78
233
198
滑軌
730 640 4
門片擋板
317
270
60

要放內
部整理
盒時的
尺寸

必須確保
270mm左
右的淨尺
寸才能放
入A4資料
夾

075
衣櫥

POINT
- 透過木工工事巧妙地應用既製品，可明顯降低成本。
- 抽屜等需精細製作的部分讓家具工事來執行。

利用木工工事裝修

如果只是要將衣物掛上衣架桿的話，那就沒必要用到工廠製作的家具工事。即使是可動式層架和衣架桿並用的衣櫃，採用木工工事現場施作就已足夠【圖、照片】。最簡單的方法就是用店鋪用的部件來構成。在壁面上埋設被稱為層板支撐五金的層架托座軌條，不好埋入的話就直接用螺絲鎖固。也可以使用適用於木層架、玻璃層架、管材等的托座。層板使用裁切成適當大小的椴木、波麗木質核心板。只要統一好層板支撐五金的間距，就能夠自由地變換層板的高度或追加配置。

此外，也有不使用店鋪用部件，而是以木質核心板當做側板，並搭配衣架桿和可動層板的方法。利用上述的兩種方法製作櫃體，並將門片設計成側拉門或摺疊門的話，就可以將櫃體內部的裝修和門扇工事完全切割開來，增加工法和預算的選擇彈性。

計畫衣櫥時要注意衣架桿在相鄰櫃體的位置、高度和間隔是否一致，並且能夠與可動層板搭配。必須裝設抽屜時，也可以將抽屜部分獨立出來交給精度較高的家具工事處理。重點是要依業主的期望和預算選擇工法。

透過家具工事製作

一般人常會將襯衫和內衣等收納在抽屜裡。以家具工事製作抽屜時，尺寸等細節便可以任意指定、做出高效率的收納。收納手錶和配件用品的抽屜，為了避免傷到收納物，可在內側張貼絨布做保護。

室內如果有能做成大衣櫥（walk-in closet）的寬闊空間時，內部也可以放置搭配桌。和在服飾店看到的陳列家具一樣，大衣櫥也需要有放置摺好的衣服和飾品的抽屜。其他還有像皮包、領帶、皮帶、圍巾、帽子等，許多業主會有獨特的收納需求，計畫時務必與業主確認清楚。

圖1│利用夾層構造完成的衣櫥

平面圖［S＝1：60］

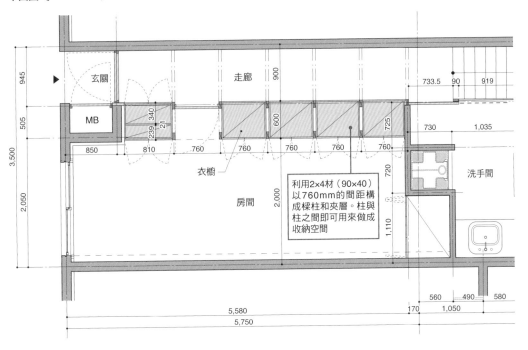

利用2×4材（90×40）以760mm的間距構成樑柱和夾層。柱與柱之間即可用來做成收納空間

玄關

走廊

MB

衣櫥

房間

洗手間

夾層、衣櫥剖面圖［S＝1：60］

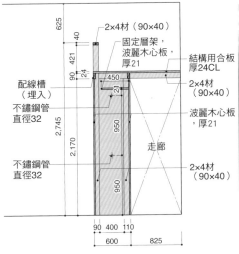

2×4材（90×40）

固定層架，波麗木心板，厚21

結構用合板厚24CL

2×4材（90×40）

波麗木心板，厚21

配線槽（埋入）

不鏽鋼管直徑32

走廊

不鏽鋼管直徑32

2×4材（90×40）

照片│利用2×4材構成的衣櫥

以2×4角材構成夾層，在其間裝入波麗木心板做成衣櫥。一部分規劃成門框、書櫃、鞋櫃。

設計：STUDIO KAZ　攝影：山本まりこ

076
小儲物間

POINT

- 使用大寬度層板時，要設置 5~6 個層架支撐點。
- 注意門片的翹曲問題。

利用家具做成小儲物間

應該沒有人會利用家具工事在工廠製作小儲物間吧。這裡想要談的，並不是一般所指的小儲物間，而是以「可容納棉被大小的體積、什麼都可放入的收納櫃」來思考看看。

這樣一來，很清楚地問題就在於體積了；小儲物間內部必須要確保寬度 1,000mm 以上、深 700mm 左右的淨尺寸。層板使用木心板，兩側和背板裝設 1~2 支層架立柱。西德鉸鏈的數量依門片大小決定，若是寬門片的話，可能要裝 3 ～ 4 個西德鉸鏈。相較於過去在建築中以固定層板和淺層板構成的方式，裝修家具能製作出使用彈性更大且便利的「小儲物間」【圖】。

使用大門片時，背面要裝上翹曲矯正五金。可以在門片上方以木質核心板等板材做門片擋板，下方也要鋪設約一片板材厚度高低差的底板，做為門片擋板。若小儲物間的底板是地板延伸而成的連續面時，也可在門片擋板的位置裝上磁鐵吸扣。如此一來，就可相當程度減輕門片翹曲的問題。

小儲物間內部的做法

小儲物間內部的裝修也是依使用的板材來決定，使用椴木夾板或實木積層板時，施以清漆著色塗裝（OSCL）；波麗合板則不必特別做完成面處理。

依業主的不同，也會有在小儲物間內安裝衣架桿的需求。此時可在內部兩側安裝支撐架來固定衣架桿。或者使用 U 形的支撐座，再將衣架桿插入。若是直接使用店鋪用的層板支撐五金和支撐架，因為可選擇的產品很多，不必擔心層板的寬度問題，業主也可以自由地變更層板和衣架桿的配置方式。

小儲物間不需要家具工事般的高精度，只要不是對裝修材料有特別的偏好，利用木工工事在現場施作就已足夠。

圖│以實木積層板做成的小儲物收納間

平面圖〔S=1：50〕

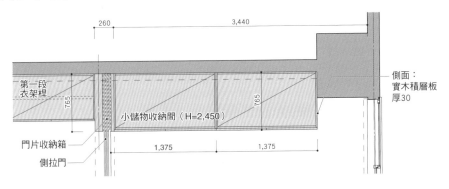

第一段
衣架桿

765

門片收納箱

側拉門

260　　3,440

小儲物收納間（H=2,450）

765

1,375　　1,375

側面：
實木積層板
厚30

立面展開圖〔S=1：50〕

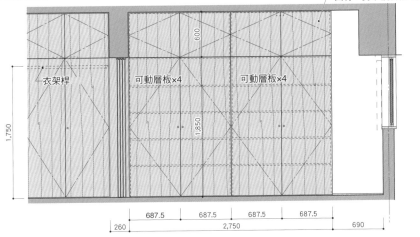

面材：實木積層板　厚21

衣架桿

可動層板×4　　可動層板×4

600

1,850

1,750

260　687.5　687.5　687.5　687.5　690
2,750

剖面圖〔S=1：50〕

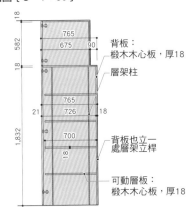

18
582
765
675　90
18

層架柱

765
21　726　18

背板也立一
處層架桿

700
18

背板：
椴木木心板，厚18

可動層板：
椴木木心板，厚18

1,832

以木工工事裝修的小儲物收納間，櫃體和門片使用實木積層
板。櫃體縱深與房間的門片（側拉門）收納箱的寬度整合。

設計：STUDIO KAZ　攝影：山本まりこ

077
洗臉脫衣室

POINT

● 計畫兼具三面鏡和間接照明的鏡箱。
● 配置要考量和其他房間的作業動線。

鏡箱

　　一般家庭裡的洗臉脫衣室都不會很寬敞，但洗臉盆、水龍頭五金、毛巾類、洗臉用具、化妝用品、刮鬍刀、吹風機、洗衣機、待洗衣物等，全部都會擠在這個空間裡。

　　幾乎所有的洗臉盆都是使用既製品。市面上有各式各樣顏色、形狀、材質的產品可供選擇。水龍頭五金通常也是使用既製品。在計畫時有兩點要注意，首先是洗臉盆下方的櫃體縱深必須在確保洗臉盆和水龍頭五金所需的接合空間後才能決定，以及正面牆上會有裝設鏡箱的需求【圖】。依業主不同，也會有要求鏡箱做三面鏡的功能。再者，一般鏡箱的縱深大約 150mm 左右，正好可以當做間接照明的位置。只要讓間接照明的截光線（參照第 127 頁）落在頂板的前端邊緣，就能營造出很好的燈光效果。

　　以收納牙刷等物品來說，鏡箱的深度只要有 90~100mm 左右就已足夠。因此，也可充分利用空間兩側的牆壁厚度，將鏡箱埋入牆中。

洗衣籃的收納方法

　　業主多半都會有想在洗臉脫衣室替刮鬍刀充電、或者直接使用吹風機。此時就要在櫃體內部裝設家具用的插座。令人意外地，習慣用哪隻手拿吹風機是設計上的討論重點。此外，業主也可能需要放置洗衣籃，可在櫃體上設置倒向身體側開啟的門片，內部安放可拆卸的籃子；或者在台面上設置投入口，下方放置洗衣籃等。這些設計都可以讓外觀上看起來很美觀，但施工就有點麻煩。

　　關於洗臉脫衣室中其他的收納設計，不只要把洗衣、乾衣的作業動線涵蓋進去一併考量、設計，還得搭配氣氛來決定面材和頂板的材質，需注意的事情還不少。不過與廚房相比，還不至於太耗費心神。

圖│鏡箱

櫃體正面圖［S＝1：25］

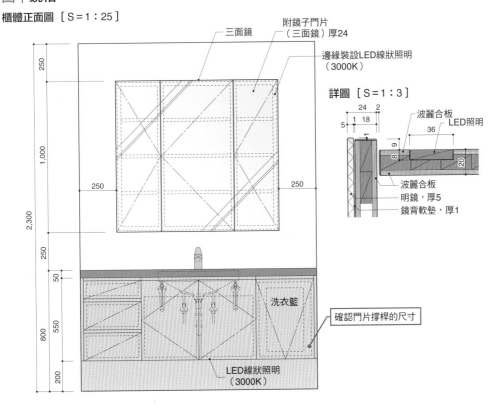

三面鏡

附鏡子門片
（三面鏡）厚24

邊緣裝設LED線狀照明
（3000K）

詳圖［S＝1：3］

24 2
1 18
5
波麗合板
LED照明
36
8 9
20
波麗合板
明鏡，厚5
鏡背軟墊，厚1

250
1,000
250
2,300
250
50
800
550
200

250 250

洗衣籃

確認門片撐桿的尺寸

LED線狀照明
（3000K）

櫃體剖面圖［S＝1：25］（左：洗臉盆部分，右：洗衣籃部分）

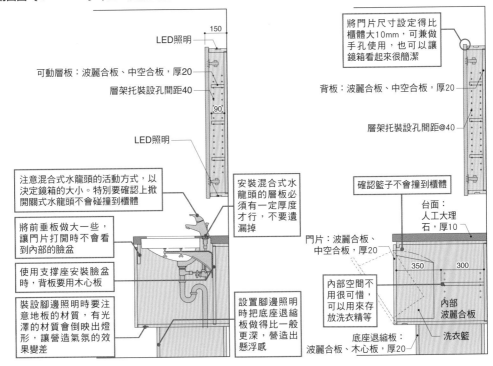

150

LED照明

可動層板：波麗合板、中空合板，厚20

層架托裝設孔間距40

90

LED照明

注意混合式水龍頭的活動方式，以
決定鏡箱的大小。特別要確認上掀
開關式水龍頭不會碰撞到櫃體

將前垂板做大一些，
讓門片打開時不會看
到內部的臉盆

使用支撐座安裝臉盆
時，背板要用木心板

裝設腳邊照明時要注
意地板的材質，有光
澤的材質會倒映出燈
形，讓營造氣氛的效
果變差

安裝混合式水
龍頭的層板必
須有一定厚度
才行，不要遺
漏掉

設置腳邊照明
時把底座退縮
板做得比一般
更深，營造出
懸浮感

將門片尺寸設定得比
櫃體大10mm，可兼做
手孔使用，也可以讓
鏡箱看起來很簡潔

背板：波麗合板、中空合板，厚20

層架托裝設孔間距@40

確認籃子不會撞到櫃體

台面：
人工大理
石，厚10

門片：波麗合板、
中空合板，厚20

350 300

內部空間不
用很可惜，
可以用來存
放洗衣精等

底座退縮板：
波麗合板、木心板，厚20

內部
波麗合板

洗衣籃

設計與細部

廁所的裝修家具

POINT

- 以衛生器具的尺寸決定洗手台台面的縱深。
- 規劃馬桶上方的收納櫃時,要先確認馬桶蓋的活動軌跡。

洗手台台面

談到廁所裡的裝修家具,通常只有洗手台台面和收納櫃這兩項。最近使用無水箱馬桶的家庭有增加的**趨勢**,因為少了水箱,空間得以釋放出來,在廁所內設置洗手台台面的機會也增加了【圖1】。

洗手台台面的做法基本上和洗臉化妝台相同。日本的廁所多半沒有多餘的空間,若縱深有 200mm 的話,可以選擇安裝臉盆,但施作嵌入式臉盆時必須花工夫處理臉盆凸出台面等相關問題。再加上縱深不夠,也必須考慮水花會潑濺出來的問題。臉盆正面的牆壁不要張貼壁紙或粉刷處理,建議使用磁磚或人工大理石等容易清潔的材料。再者,業主可能也會有安裝儲熱槽式電熱水器的需求,這時也必須在櫃體內設置插座。

廁所內的收納

廁所中的收納物主要是衛生紙和掃除工具。依業主不同也可能會放置書架。洗手台下方的空間最適合放置清掃工具,記得要確認馬桶刷等掃具的大小。也有設計者會在洗手台的底部置入照明展現懸浮感,但要留意燈具可能影響放置掃具的空間。

最好能將衛生紙收納在洗手台內,若是要收納在別處的話,大概就是利用馬桶上方的牆面。要注意的重點是,務必確認馬桶蓋掀開時的活動軌跡,避免與收納櫃產生干擾【圖2】。再者,有時會為了使空間看來寬敞而在馬桶上方的收納櫃上貼鏡子,但鏡子的位置及尺寸也要多注意。鏡子的大小可能會讓男性在使用時感到不太自在。

圖1 | 馬桶和洗手台的配置及注意點

洗手台在正面時

洗手台在側面時

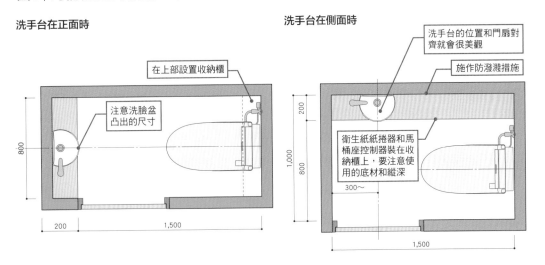

- 在上部設置收納櫃
- 注意洗臉盆凸出的尺寸
- 洗手台的位置和門扇對齊就會很美觀
- 施作防潑濺措施
- 衛生紙紙捲器和馬桶座控制器裝在收納櫃上，要注意使用的底材和縱深

圖2 | 設有洗手台台面和收納櫃的廁所

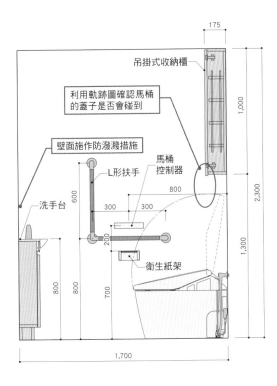

- 吊掛式收納櫃
- 利用軌跡圖確認馬桶的蓋子是否會碰到
- 壁面施作防潑濺措施
- 馬桶控制器
- L形扶手
- 洗手台
- 衛生紙架

一般的廁所配置。無水箱馬桶後方的牆上設有衛生紙用吊櫃，正面設置附自動感應式水龍頭的洗手台台面。

設計：STUDIO KAZ　攝影：山本まりこ

設計與細部

079
家事作業區

POINT

● 考量家事動線後再決定配置和設計方式。

● 做出高效率的計畫,讓家庭辦公室的要素集中起來。

用水區域的延長

在家事作業區進行的活動範圍很廣。比如說燙衣、縫紉、洗衣、折衣、乾衣、記帳,最近還包含了操作電腦。

設置家事作業區的場所,可以是廚房或洗臉脫衣室等用水區域的連續空間,或者是將客廳的一角當做全家的主控中心般的場所,不管哪一種都很實用。

前者(用水區域的連續空間)的情況時,不需要是獨立的房間,如果不是為了防震而特別設置門片的話,此處的收納櫃就沒有必要裝設門片。作業台的材質可以是集成材或美耐板,其他部分用波麗合板或椴木合板再施以清漆著色塗裝(OSCL)就足夠了。計畫吊櫃或抽屜等時,則盡量以收納量和作業效率為優先考量【圖1、2】。

另外,在家事作業區放置洗衣機或乾衣機時要特別注意。建築雜誌上常看到把洗衣機和乾衣機(無論是使用電氣還是瓦斯的)用門片隱藏起來的照片,但在日本,用門片遮蓋乾衣機是違反消防法規的。

居家的集中管理室

在後者(客廳一角)的情況時,只要想成是「媽媽的辦公室」就會很容易計畫了。主要的內容包括放置電腦和電話、傳真機等的空間,小朋友的學校資料、家庭帳本、信紙等,則以容易整理的方式收納。

家具材質要選用符合整體內裝氣氛的材料。頂板可用集成材或夾層板,並與其他的木質家具搭配,也可以使用人工大理石等材質製作。收納櫃不要採開放式,要和頂板一樣,裝設與室內空間調和的門片。如此一來,一個機能性的小空間就完成了。

圖1│在廚房中併設電腦空間的例子

平面圖［S＝1：50］

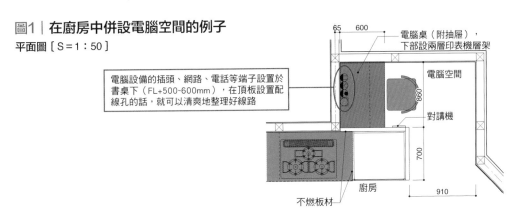

電腦桌（附抽屜），下部設兩層印表機層架

電腦設備的插頭、網路、電話等端子設置於書桌下（FL+500~600mm），在頂板設置配線孔的話，就可以清爽地整理好線路

電腦空間

對講機

廚房

不燃板材

圖2│從廚房延伸出的家事間提案

平面圖［S＝1：50］

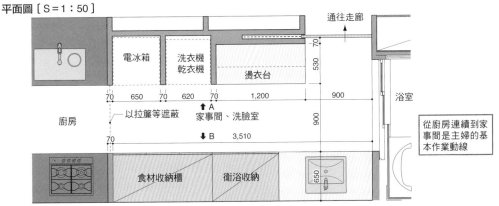

電冰箱　洗衣機乾衣機　燙衣台

通往走廊

浴室

從廚房連續到家事間是主婦的基本作業動線

以拉簾等遮蔽

廚房

A 家事間、洗臉室

B

食材收納櫃　衛浴收納

A立面展開圖［S＝1：50］

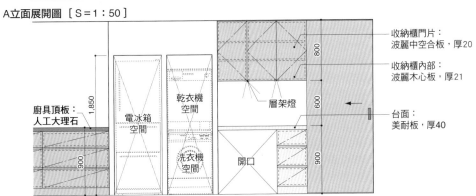

廚具頂板：人工大理石

電冰箱空間

乾衣機空間

洗衣機空間

開口

層架燈

收納櫃門片：波麗中空合板，厚20

收納櫃內部：波麗木心板，厚21

台面：美耐板，厚40

B立面展開圖［S＝1：50］

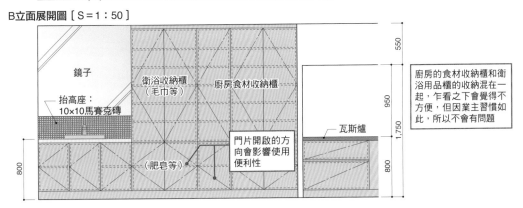

鏡子

抬高座：10×10馬賽克磚

衛浴收納櫃（毛巾等）

廚房食材收納櫃

（肥皂等）

門片開啟的方向會影響使用便利性

瓦斯爐

廚房的食材收納櫃和衛浴用品櫃的收納混在一起，乍看之下會覺得不方便，但因業主習慣如此，所以不會有問題

080
餐桌、和室桌

POINT

- 飲食店和住宅的餐桌大小不同。
- 以使用的椅子來思考餐桌的設計、構造。

餐桌

基本上，餐桌的大小要以使用的人數來決定。不過在那之外，把握住餐桌的形狀、大小、整體比例和空間的關連，並將空間大小的平衡感及動線也考慮進去後，建議盡可能將餐桌做大一些。比如說聚會時會有很多人來到家裡，這時可因應較多人使用的圓桌會比較方便。

以圖3的例子來說，這是從扇形平面扣除廚房形狀後，在剩餘空間中配置餐桌的設計，回應了需能使用扶手椅、平時4人家庭成員可圍坐、以及有時會有家庭聚會的業主需求。

設計咖啡店等休閒風格的飲食店時，會使用比家用品尺寸更小的桌子【圖1】；此外也不使用4人桌，而是以2人桌並排以方便移動，這樣一來就能提升配置的自由度和效率。而較正式的飲食店（或餐桌），還是會建議用稍大一些的桌子。

在桌子的高度尺寸上必須考慮的是，從椅子座面到桌面間的距離（差尺）以300mm為基準，但希望是在這個數值以下【圖2】。雖然說距離愈大腿部空間就愈自由，也愈能舒服地使用，但以日本的食器樣式來說，這個距離要小才方便看清楚食器內的食物。再者，使用扶手椅時，一定要實測椅子的尺寸，以免發生扶手椅無法收合到餐桌下的窘況。

和室桌

進餐用的和室桌高度在330~380mm左右時，會比較好用。而沙發用的矮几，即使高度有400mm也沒問題。但和室是多功能的房間，有時即使只是放張和室桌，對「廣泛使用」這項機能也可能造成妨礙。為了避免這個問題，也可以採用可分解、收納於地板下的組裝式和室桌。

圖1 │ 一般的桌子大小

2人座

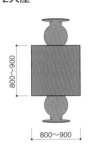

800～900

800～900

4人座

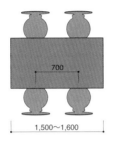

700

1,500～1,600

6人座

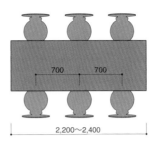

700　700

2,200～2,400

咖啡桌尺寸

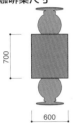

700

600

圓桌

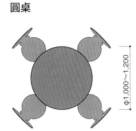

φ1,000～1,200

圖2 │ 桌面的高度和差尺

雖然日式餐桌適合將這個距離做小一點，但依會不會翹腳、椅子是否有扶手等條件，還是有許多情況會建議盡量採用A的尺寸來做

660～750

250～300（差尺）

A

圖3 │ 餐桌的例子

平面圖 ［S＝1：25］

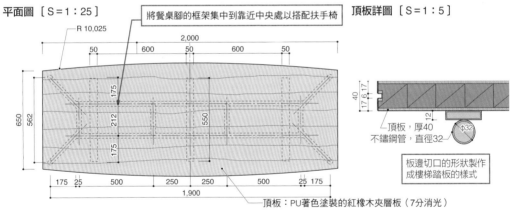

將餐桌腳的框架集中到靠近中央處以搭配扶手椅

R 10,025

2,000

50　600　50　600　50

650　562

175

212

550

175

175　25　500　250　250　500　25　175

1,900

頂板：PU著色塗裝的紅橡木夾層板（7分消光）

頂板詳圖 ［S＝1：5］

40

17　6　17

12

φ32

頂板，厚40
不鏽鋼管，直徑32

板邊切口的形狀製作
成樓梯踏板的樣式

立面展開圖 ［S＝1：25］

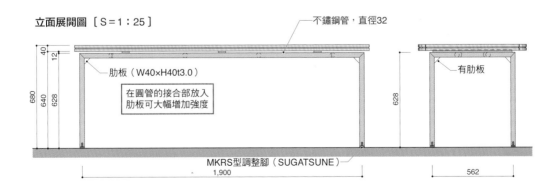

不鏽鋼管，直徑32

肋板（W40×H40t3.0）

在圓管的接合部放入
肋板可大幅增加強度

40

12

680　640　628

有肋板

628

MKRS型調整腳（SUGATSUNE）

1,900

562

1

2

3

4

5

設計與細部

6

081

走廊的收納

POINT

- 在走廊裝設間接照明，也可當做夜燈使用。
- 從玄關收納櫃開始做連續的收納空間設計。

輪椅的收納

雖然走廊就是用來移動的空間，但若當成可收納雜物的地方也會很方便。

筆者曾經在因應看護目的而做的改裝案中，提出了在寬闊的走廊裡收納摺疊式輪椅的設計【圖2】。因為從玄關開始的長廊裡，有玄關收納櫃、房間側拉門、走廊收納櫃、洗臉脫衣室側拉門、廁所側拉門等一連串的門扇與木製櫃體，所以將中間的牆壁包含在內，全部以同一樣式來處理。為了搭配既有的門片，完成面材使用柳安合板，施工則是採用木工工事＋門扇工事＋塗裝工事的方式現場施作。將走廊收納櫃分為上下段，中間設置裝設LED下照燈的壁龕式裝飾空間。頂板使用集成材、在頂板前端表面鑿出扶手用的凹槽。LED下照燈具有夜燈的機能，深夜要去上廁所時會非常實用。

玄關收納空間的延續

圖1也是從玄關延伸出的收納案例，同樣以收納空間貫串整個走廊。從離玄關最近的地方開始，依序有傘櫃（門片內側掛全身鏡）、鞋櫃、衛生紙（廁所前）和燈泡的庫存、內衣·毛巾·肥皂·刮鬍刀·牙膏的庫存（洗臉脫衣室前）等。靠玄關側的收納櫃採大門片，但在洗臉脫衣室前將櫃體分成上下兩段，中間設置壁龕成為裝飾空間，也可活用做為放置電話的空間。房間的側拉門滑軌裝設在天花板側，為了不再增加天花板上的物件，因此在距離地板和天花板各250mm的位置裝設暖色螢光燈組成的間接照明。走廊的地板以馬賽克磚裝修，可反射間接照明的光線、營造出巷弄般的氛圍。

圖1 │ **玄關到走廊的收納提案**

立面展開圖［S＝1：50］

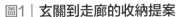

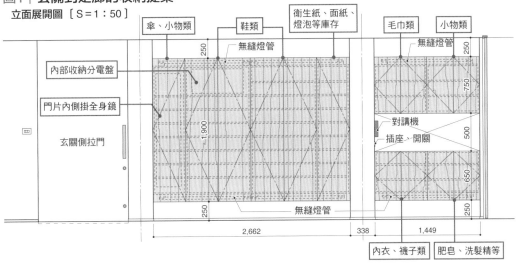

傘、小物類　　鞋類　　衛生紙、面紙、燈泡等庫存　　毛巾類　　小物類

250　　無縫燈管　　無縫燈管　　250

內部收納分電盤

門片內側掛全身鏡

玄關側拉門

對講機

插座、開關

1,900

750

500

650

250

250

2,662　　338　　1,449

內衣、襪子類　　肥皂、洗髮精等

圖2 │ **從玄關到走廊的收納、門扇提案**

頂板、扶手部分詳圖［S＝1：4］

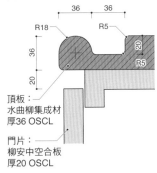

36　36

R18　R5

R5

20

36

20

頂板：
水曲柳集成材
厚36 OSCL

門片：
柳安中空合板
厚20 OSCL

圖2大樓重新裝修的實景照。將玄關收納櫃、側拉門、走廊收納櫃的完成面全部採同樣的方式處理，讓門扇、家具、天花板、地板取得一致感。
設計：STUDIO KAZ　攝影：山本まりこ

圖1從玄關延伸的壁面收納實景照。收納櫃主要是因應對面房間的收納需求。上下端做間接照明，讓天花板可不裝設下照燈等餘物。
設計：STUDIO KAZ
攝影：Nacása & Partners

立面展開圖
［S＝1：50］

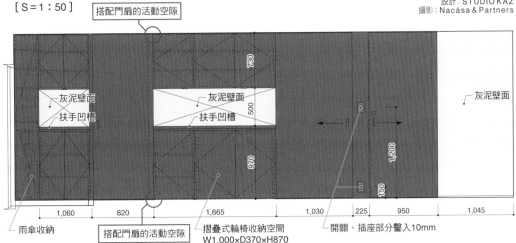

搭配門扇的活動空隙

灰泥壁面

扶手凹槽

灰泥壁面

扶手凹槽

灰泥壁面

730

500

970

1,200

160

1,060　820　1,665　1,030　225　950　1,045

雨傘收納

搭配門扇的活動空隙

摺疊式輪椅收納空間
W1,000×D370×H870

開關、插座部分鑿入10mm

082
酒櫃

POINT

- 在放置方法上下工夫，避免酒瓶的軟木塞乾掉。
- 擺放時讓酒標能被看見。

把葡萄酒展現出來

葡萄酒的收納櫃通常會直接採用既製品的酒櫃。雖然特別製作酒櫃的機會比較少，但因為業主會希望將藏酒排列展示，或者現有的酒櫃無法滿足等理由，有時也會有在「酒窖」中裝修酒櫃的需求。

溫度和濕度的控管交給空調來負責，以裝修家具來說，會把酒的放置方式當做設計的重心。尤其絕對不可以讓葡萄酒瓶的軟木塞乾掉，因此以躺倒方式放置、讓酒液接觸到軟木塞是最基本的。至於是要以躺倒時能看見酒標的方式讓瓶底朝前，或者反過來讓瓶口朝前，就要看業主的喜好了。

酒櫃的三個實例

①在地下餐室一角的樓梯下方做一個以玻璃圍出、並裝設空調管理的空間，在裡頭配置以鋼管構成的酒櫃。

這是意識到視線會從玻璃外穿透進入酒櫃裡的設計。雖然是住宅，但採取的是和店鋪一樣的思考方式，所以屬於展示型的酒櫃【圖1】。

②這個案例也是在由空調控管的隔離房間（地下室）中，設置木製的酒櫃。

為了確保能放置大量酒瓶的空間，同時又能兼顧外型美感，是妥協（中庸）型的酒櫃【圖2】。

③雖然不是很嚴密的管理方式，但希望讓酒櫃除了是生活中的裝飾外，也能夠做為功能性的裝飾層架，因此在柱狀的收納櫃之間架上兩根竹節鋼筋，讓酒瓶可以直接放置其中。鋼筋的間距要搭配酒瓶的直徑設定，讓酒瓶能平躺在鋼筋之間【圖3】。

圖1 | 以鋼管構成的酒櫃

立面展開圖［S＝1：60］

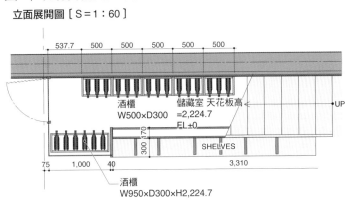

酒櫃
W500×D300

儲藏室 天花板高
=2,224.7
EL±0

SHELVES

UP

酒櫃
W950×D300×H2,224.7

部分詳圖［S＝1：8］

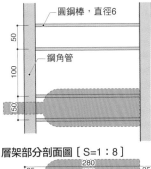

圓鋼棒，直徑6

鋼角管

層架部分剖面圖［S=1：8］

圓鋼棒，直徑6
～美耐烤漆，金屬塗裝

鋼角管25×25×1.6
～美耐烤漆，金屬塗裝

正面圖①

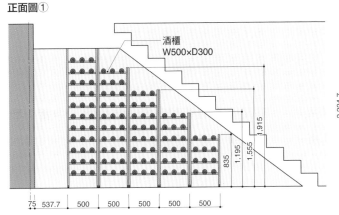

酒櫃
W500×D300

正面圖②　　　　剖面圖

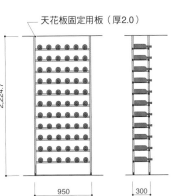

天花板固定用板（厚2.0）

2,224.7

950　　300

圖2 | 木製酒櫃

部分詳圖［S＝1：8］

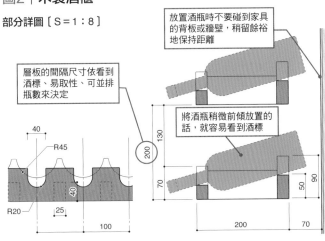

層板的間隔尺寸依看到
酒標、易取性、可並排
瓶數來決定

放置酒瓶時不要碰到家具
的背板或牆壁，稍留餘裕
地保持距離

將酒瓶稍微前傾放置的
話，就容易看到酒標

圖3 | 使用竹節鋼筋和鋼吊索的酒櫃
　　　　［S＝1：8］

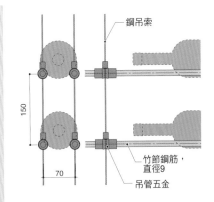

鋼吊索

竹節鋼筋，
直徑9

吊管五金

083
接待櫃台

POINT

- **設計時要考量空間給人的初步印象、業種所需的機能。**
- **設計時要考量客人和店內職員的動線。**

辦公室的接待區

辦公室的接待櫃台是一家公司的門面。因此要用心做出符合企業識別（CI）的設計。

首先，列出接待區需具備的元素。例如電話和筆記工具、電腦等，依公司不同還會有預約表，或者像醫院那樣會有病患病歷表放置區。有些公司的接待區採無人櫃台的方式，只放置了內線電話。

由於接待區並沒有材料使用上的限制，所以各種素材都可以使用，甚至也有使用天然石材和不鏽鋼的。以照片1為例，使用繽紛的內裝顏色，透過顏色和形狀來表現企業形象。使用的材料為經過塗裝上色的美耐板和中密度纖維板（MDF）。

照片2的例子雖然是一個無人接待區，但卻是進入明亮辦公室前必須經過的空間，為了形成對比效果，因此大膽地將亮度設定得暗一些，並以投射燈打亮企業LOGO。這裡使用的材料方面，櫃台是用美耐板、壁面則是貼覆不燃木貼皮。

店鋪的接待櫃台

店鋪的接待櫃台主要有兩個功能，一是做為迎接客人的門面，二是結帳的收銀台。因為收銀機的尺寸很多樣，在設計階段就要決定，機器大小和顯示螢幕的收納方式都要確認好。此外，與職員工作區的動線也必須納入考量。

照片3是沙龍的接待區。以介於入口和等候區之間的形態配置。搭配南洋風的仿漂流木美耐板台面、刻有店名LOGO的磁磚腰壁，底部並埋設間接照明。櫃台的寬度設計得較寬闊，是因為在接待業務之外，也必須考慮到服務結束後的後續諮詢溝通。

照片1 | 法律事務所的接待區

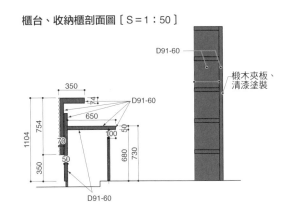

法律事務所的接待櫃台。以多彩內裝消除一般的既定印象、同時強調穩健的形象，形成兼具這二種特質的辦公室入口。接待櫃台以深灰色為基調，並隨處嵌入內裝所使用的顏色和材料。

櫃台、收納櫃剖面圖［S＝1：50］

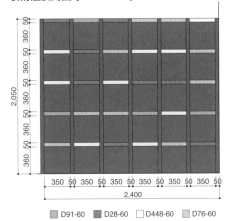

D91-60

椴木夾板、清漆塗裝

350 74
754
1104
350
70
650
50
100
680 730
50
D91-60

櫃台展開圖［S＝1：50］

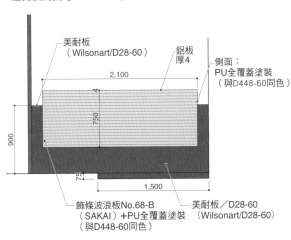

美耐板（Wilsonart/D28-60）
鋁板厚4
側面：PU全覆蓋塗裝（與D448-60同色）

2,100
750
900
75
1,500

飾條波浪板No.68-B（SAKAI）+PU全覆蓋塗裝（與D448-60同色）
美耐板／D28-60（Wilsonart/D28-60）

收納櫃展開圖［S＝1：50］

50 360 50 360 50 360 50 360 50
2,050

350 50 350 50 350 50 350 50 350 50
2,400

■ D91-60　■ D28-60　□ D448-60　■ D76-60
注：表示美耐板的色號

照片2 | 辦公室的無人接待區

由舊倉庫改裝的辦公室。在進入明亮的辦公室之前，大膽地以昏暗的接待區呈現強烈的對比感。

照片3 | 沙龍的接待區

沙龍的接待區。利用從電梯延伸出的紅色牆面引導客人進入店內，店員在貼覆青苔貼皮的牆面前接待訪客。因為此處兼具了服務前的接待業務、和服務後的諮詢溝通場所，因此必須做成較長的櫃台。

設計：STUDIO KAZ　攝影：垂見孔士（照片1・3）、山本まりこ（照片2）

084
店鋪的吧台

> **POINT**
> ── 吧台是飲食店的最大亮點。
> ── 選擇材料時要考慮到搬入現場的難易度。

飲食店的門面

吧台是飲食店中的目光焦點,既可賦予一家店特殊的印象氛圍,同時也是顧客和職員的交流場所,因此必須把吧台當做店的門面來看待。如何將吧台融入空間,或者吧台能讓人形成多強烈的印象衝擊,就是設計的核心了。

在整理吧台構成的要素時,會發現必要項目出乎意料之外地少。就只有吧台本身、腳踏桿(也有在高腳椅上附帶腳踏桿的)、吧台下的腰壁、放東西的層架和高腳椅。也就是說,吧台的存在本身就是最重要、也是唯一的重點。

要設計出具有印象衝擊效果的吧台,有幾個要點需注意。第一點就是展現材質。例如秀出天然石材和實木板、金屬、玻璃等會散發出壓倒性氣氛感的材料。第二點是尺寸,一個長到讓人無法想像究竟是從哪搬進來的吧台,光是長度就具有衝擊力。第三點是顏色,照明效果也包含在內,因為顏色是最先成為人們第一印象的部分。掌握住這三點後,在吧台形狀、從入口看進來的配置方式上多下工夫。如果能製作出令人印象深刻的吧台,飲食店的設計就幾乎可說是成功了【圖、照片】。

杉木含邊大板

筆者曾設計過一個位在東京都心地下街的藝文酒吧。進到店內最先映入眼簾的是厚達 100mm、大幅彎曲的杉木含邊(耳付)實木板。吧台內側就是廚房,後方不鏽鋼的餐具櫃也散發出閃亮的光芒。穿過杉木吧台往裡頭走,一變而成放置著白色巴塞隆納椅的社交空間。這個案例是意識到要讓人陶醉在對比感覺而做的設計。

圖、照片 | 安裝實木板吧台的店鋪

平面圖〔S＝1：130〕

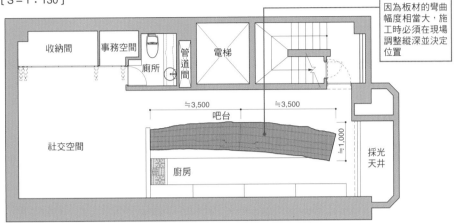

因為板材的彎曲幅度相當大，施工時必須在現場調整縱深並決定位置

收納間　事務空間　廁所　管道間　電梯

社交空間

≒3,500　≒3,500　吧台　≒1,000

廚房

採光天井

吧台收整方式詳圖〔S＝1：8〕

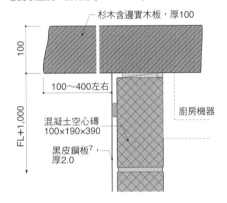

杉木含邊實木板，厚100

100

FL＋1,000

100～400左右

混凝土空心磚
100×190×390

黑皮鋼板[7]，
厚2.0

廚房機器

將吧台板搬入的情況。為了地下街的店鋪，特地從採光天井處搬入。

只要能整合實木板材壓倒性的存在感和有效的照明計畫，甚至不需要再做細部裝飾。

杉木含邊大板的吧台和組入了照明的不鏽鋼餐具櫃形成了很美的對比。

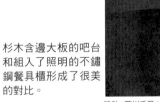

設計：藤川千景＋STUDIO KAZ　攝影：STUDIO KAZ

譯注：
7. 黑皮是因為鋼料的表面缺陷所形成的特色，通常是在高溫壓軋或鍛造時氧化所產生。

085
沙發、長椅

POINT

- **依行業種類決定沙發的縱深尺寸。**
- **有效率地並用照明等不同機能的部件。**

店鋪的沙發

在美容院和沙龍等場所的接待室、或是有長牆面的飲食店裡都會設置沙發。飲食店採用沙發（長椅）的優點，在於能彈性地安排客席。也就是說，沙發（長椅）帶有舒適性和營業效率兩種特性。當然，即使同樣是飲食店，依營業形態不同，也會有以舒適性為優先考量的。

另一方面，因為沙發的舒適性也被視為沙龍接待室的服務之一，所以設計時會以坐起來舒適為最優先要務。

飲食店和接待室的沙發，最大的差異在於座面的縱深和彈性。飲食店的沙發（長椅）可視為椅子的延伸，座面的縱深較淺。座面高度會搭配椅子、彈性多半會設定得較硬些【圖1、3】。因為在飲食時的重點是讓相對的兩人、或者數人的視線交會，這樣才容易對話。另一方面，沙龍強調的是舒適性，因此沙發座面多半會設計得較深、也較柔軟【圖2】。

也有將沙發的椅背做得極高、用來替代隔牆的特殊例子。使用皮革扣釘製作出男性化質感的牆，可營造出帶有沉穩感的小空間。

住宅的沙發

住宅也會有裝修沙發的機會。只是纖維或皮革的張貼作業無法在現場施作，必須委託專門業者訂製。而且通常都是因為既製品無法搭配需要尺寸和形狀，才會有在住宅裝修沙發的情形。像這樣因特殊形狀等而在現場裝修的情況，取形和丈量就會是極重要的作業。

住宅中的沙發設計是以休息為優先考量。其實，店鋪中的沙發也是一樣，因此沙發的大小要與空間調整均衡後再下決定。

圖1 | 飲食店包廂席的沙發 ［S=1：40］

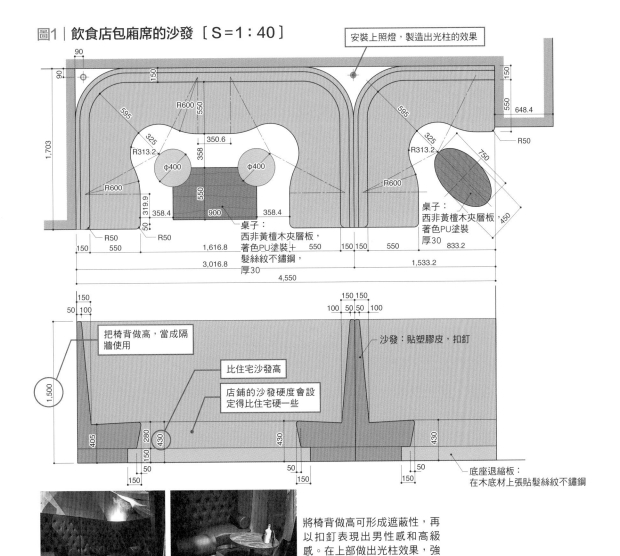

安裝上照燈，製造出光柱的效果

桌子：
西非黃檀木夾層板，
著色PU塗裝+
髮絲紋不鏽鋼，
厚30

桌子：
西非黃檀木夾層板，
著色PU塗裝，
厚30

把椅背做高，當成隔牆使用

比住宅沙發高

店鋪的沙發硬度會設定得比住宅硬一些

沙發：貼塑膠皮，扣釘

底座退縮板：
在木底材上張貼髮絲紋不鏽鋼

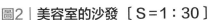

將椅背做高可形成遮蔽性，再以扣釘表現出男性感和高級感。在上部做出光柱效果，強調天花板的高度。
設計・攝影：STUDIO KAZ

圖2 | 美容室的沙發 ［S=1：30］

椅背打光會讓人看起來很美

貼塑膠皮，內填PU泡棉

像住宅一樣將座面的縱深做大一些

取下沙發墊就能變成收納空間。對店鋪來說是非常寶貴的空間

店鋪和住宅的一大不同點在於是否穿鞋子。檢討座椅高度時需將沙發墊的硬度也考量進去

波麗合板

內部：收納

接待區的沙發要讓人坐起來有輕鬆舒適的感覺。住宅的沙發也是一樣。

圖3 | 咖啡店的長沙發 ［S=1：30］

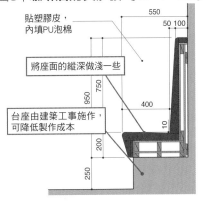

貼塑膠皮，
內填PU泡棉

將座面的縱深做淺一些

台座由建築工事施作，可降低製作成本

咖啡店的沙發是椅子的延伸，會和椅子結合起來，縱深也較淺。

086
店鋪陳列櫃

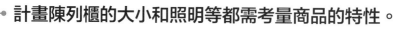

POINT

- 計畫陳列櫃的大小和照明等都需考量商品的特性。
- 關於販售風格的訪談是不可或缺的。

店鋪陳列櫃的目的

在販賣店中使用的陳列櫃，功能是陳列和展示商品。不論如何都不要忘記，商品才是主角。陳列櫃固然要徹底扮演好配角角色，不過陳列櫃的設計會影響店鋪的整體設計卻也是事實。陳列櫃的大小、形狀、顏色、材質、照明等，都會誘導客人和工作者的動線，具有吸引客人從商品選擇到購買行為的功用。因此，陳列櫃不只要和商品的特性匹配，還必須將引出商品優點的效果發揮到極限【照片】。

最基本的陳列、展示形態，可以分為「吊」和「放」；此外還要加上庫存商品的「收入」要素。滿足這些要件的最原始形態就是「水平的板」和「掛具（如管子和勾子等）」。再加上安排和裝飾等表現要素後，陳列櫃就完成了。

可動式的陳列櫃

筆者曾在做商場服裝店的內裝設計案時，同時做了配件用和一般衣物用的陳列櫃【圖】。配件用的陳列櫃裡除了設有 LED 照明外，也為了因應不同季節的配置變化而附上腳輪；LED 的電源不採用直接接線，而是插頭式設計。這兩個陳列櫃都是在施作了鐵鏽風特殊塗裝（參照第 85 頁）的鋼角管框架上安裝木製箱體，在箱體以上 300mm 的高度區間內設置框架並裝上玻璃。而一般衣物用陳列櫃上，為了讓玻璃頂板也可兼做選擇衣物時的搭配台，因此將一般衣物用陳列櫃的高度設計得比配件用陳列櫃矮 100mm。

圖 | 可動式陳列櫃 ［S＝1：40］

① 配件用陳列櫃

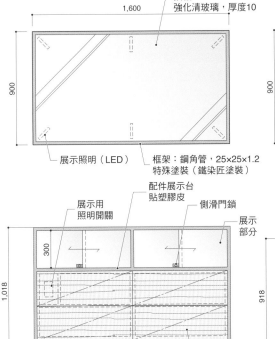

1,600

900

頂板：
強化清玻璃，厚度10

展示照明（LED）

框架：鋼角管，25×25×1.2
特殊塗裝（鐵染匠塗裝）

② 一般衣物用陳列櫃

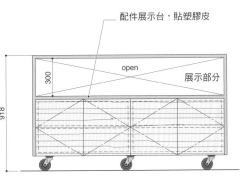

1,600

900

頂板：
強化清玻璃，厚度10

展示用
照明開關

配件展示台
貼塑膠皮

側滑門鎖

展示
部分

300

1,018

庫存

配件展示台，貼塑膠皮

open

展示部分

300

918

配件用陳列櫃。展示部分是附鎖的玻璃側拉
門。內部裝有小型LED照明，下部是抽屜式
庫存收納。

一般衣物用陳列櫃。展示部分為折疊置放的
開放式設計。下部考量到彈性使用的需求，
採門片式庫存收納。兩種陳列櫃都有附腳
輪，可以依需求移動配置（照片①）。

照片 | 店鋪的展示陳列架

① 在昏暗的店內進行有效的照明計畫，
適當地取得必要的光線，陳列櫃框架
上的塗裝質感也提升了整體氣氛。

② 眼鏡店的壁面展示。排列不燃材
質製的細長展示盒，以3M的DI-
NOC貼膜裝修。背面組裝照明，
將商品從背面打光，強調出眼鏡
的透明感。

③ 同一家眼鏡店的陳列櫃。店鋪是
細長型的，因此將接待櫃台兼商
品展示櫃的縱深做到最小並固定
在地板上。高度則是考量店員側
的立姿和客人側的坐姿而設定
的。

設計‧攝影：STUDIO KAZ（照片①～③）

1

2

3

4

5

設計與細部

6

191

087
用家具做隔間

POINT

● 用家具進行分隔，就能有效地利用空間。

● 用家具分隔空間時不要忘了櫃體背面的設計。

有效利用壁厚

在有限面積中下工夫，即使只有一點點也要尋找出能使空間效率優化的方法，這是所有設計的共通道理【圖1】。

其中的一個思考的方向就是，利用家具來區劃空間。一般的隔間牆做法是，立起間柱、然後在兩面以石膏板做完成面處理，光是那樣的寬度最少也有 70mm。不過，若一開始就安裝家具、利用家具做分隔的話，就能夠更有效地使用這 70mm 的空間。在做法上，可以將家具做成從兩面都可以使用，這樣就會變得非常便利。家具上也可以安裝開關和插座，做法和在牆壁上施作相同。當然，因為建築結構的問題，很難將全部的壁面都換成家具，但若只是運用隔間牆的話是沒有問題的。以和門扇同樣的材料製作家具門片，再透過塗裝工事做同色處理後，家具和門扇就能變成一體的「隔間壁」了。

把兒童房用書櫃做分隔

筆者曾做過一個裝修案例，需求是將一間約 6 坪大的房間分隔成兩個小孩的房間。在那件案子中，以木工施作的裝修家具將空間分成三份：房間 A、B 和讀書室【圖2】，利用以椴木木質核心板製成的書櫃來分隔空間。房間 A、B 的進出門與書櫃並排成一列。開關和插座就設置在書櫃上。房間 A 和房間 B 之間也是以裝修家具隔開。房間 B 側的衣櫥和電視、以及放置書本、玩具的開放式層架一直延伸到窗邊。當然，電視配線和插座也一應俱全。書櫃的上部嵌入玻璃，讓 A、B 室共享光線。房間和讀書室之間的書櫃設計成上下部各有一段不裝背板，以減輕壓迫感。同時也讓整體空間都能共享空氣和氛圍。

圖1 | 將廚房和廁所以家具隔間

平面圖〔S＝1：40〕

從廁所側取得微波爐所需的縱深空間，同時確保必要的廁所收納空間

廁所

冷凍冷藏庫
PS

廚房

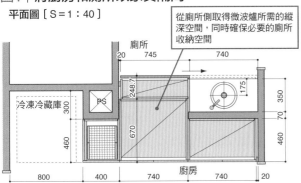

立面展開圖〔S＝1：40〕

採用側拉門，可在不影響馬桶使用下進行收納

微波爐

明鏡，厚5　彩色玻璃，厚5

側拉門的把手可以兼做毛巾架

嵌入業主從東南亞購入的門片板材

由於廚房餐具櫃的縱深過淺，無法放入微波爐。因此使用牆壁背面的廁所空間，以確保足夠放置微波爐的縱深，同時維持廁所洗手台的深度和廁所必須的收納縱深。

設計·攝影：STUDIO KAZ

圖2 | 將小孩房（小孩2人）以家具隔間

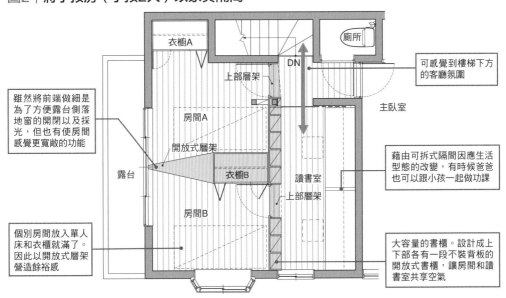

衣櫥A

上部層架

DN

廁所

主臥室

雖然將前端做細是為了方便露台側落地窗的開閉以及採光，但也有使房間感覺更寬敞的功能

房間A

開放式層架

衣櫥B

讀書室

上部層架

露台

房間B

個別房間放入單人床和衣櫃就滿了。因此以開放式層架營造餘裕感

可感覺到樓梯下方的客廳氛圍

藉由可拆式隔間因應生活型態的改變，有時候爸爸也可以跟小孩一起做功課

大容量的書櫃。設計成上下部各有一段不裝背板的開放式書櫃，讓房間和讀書室共享空氣

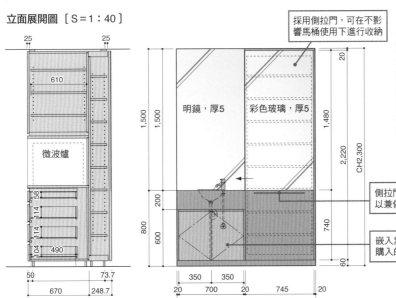

088
可因應變化的家具

POINT

將裝修家具系統化，使家具可以做出變化。

自在地運用五金，簡單地做出變化。

兒童房的可變性

過去計畫的兒童房，隨著小孩的成長而變得難用的案例很多。

對此，筆者曾做過一個可以更改組合、自由配置的家具提案。房間裡的書桌、椅子、衣物櫃、書櫃等各種家具的尺寸，都是取決於空間的大小和材料尺寸所求出的規格。再透過五金縱橫連結後，就能安全地排列成各式各樣的形狀【照片】。當小孩還小的時候，可將櫃體靠牆並排，以取得一個廣大的活動空間；稍微長大之後，則以低矮的分割櫃方式做隔間，分隔出兩個互通的空間。再長大一些的時候，把櫃體單元全部集中堆高並排，做成隔間牆。或者只將書櫃單獨取出，做為和其他房間的隔間。

最低限度的可變桌子

通常提到可延伸桌，指的是由桌子正中間處拉開桌板，從下方取出延伸板攤放於中間，或是將桌子兩側的端板抬高、從下方拉出支撐架，也有透過展開摺疊腳的方式延伸桌面空間。不過，不管是哪一種的操作方式都很繁雜。因此，筆者設計了右頁這張桌子。操作方式很簡單，從一開始到把側邊端板抬高為止都是和以往的操作一樣，但如果維持抬高狀態將桌板繼續往前推的話，桌板便會滑動，移動到大約300mm 左右，讓端板與下方的桌腳框架形成懸挑狀態，就可增加桌面長度。桌腳框架是以 25mm 的角管構成，延伸用的滑軌組件也是收納在這 25mm 的厚度內，從外觀上完全看不出來。利用滑軌機制，即使桌上放著東西也能改變桌面大小，非常便利【圖】。

照片｜可自由替換組合的家具

將家具做為隔間牆的型態。

從背面看左側照片的隔間家具。

靠牆壁排列的型態。

利用書桌、衣架、書櫃的組合，可以變化出完全的房間隔間、矮隔間等各種型態。

設計：STUDIO KAZ　攝影：山本まりこ

以矮隔間方式分隔房間的型態。

像積木般堆疊起來的型態。

圖｜可變的極簡餐桌

平面圖〔S＝1：30〕

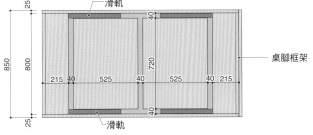

頂板：美耐板，厚25

1,600　610

850

滑軌

桌腳框架

滑軌

25　850　800　720　215 40　525　40　525　40　215　40　25

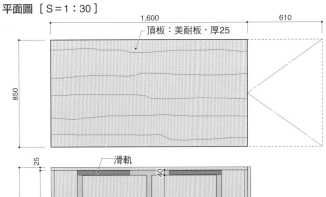

滑軌式餐桌。桌上放有東西時也可以改變桌面大小。

設計・攝影：STUDIO KAZ

側面圖〔S＝1：30〕

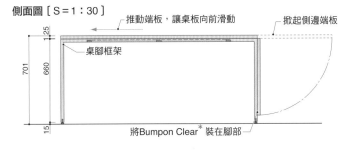

推動端板，讓桌板向前滑動

掀起側邊端板

桌腳框架

125　701　660　15

將Bumpon Clear* 裝在腳部

＊原注：Bumpon Clear是透明圓形門擋，又名「淚目」。

剖面詳圖〔S＝1：5〕

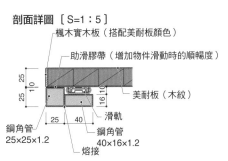

楓木實木板（搭配美耐板顏色）

助滑膠帶（增加物件滑動時的順暢度）

美耐板（木紋）

25　25　25　16 10

滑軌

鋼角管 25×25×1.2

鋼角管 40×16×1.2

熔接

089
與既製品搭配組合

POINT

> 了解既製品的結構並了解可改造的範圍。
> 價格高的家具部位可利用既製品以降低成本。

使用洗臉盆單元

　　既製品的家具也是有優點的。相對便宜，而且也有連小地方都做得很好的產品。而且，因為這些細節都已經可以量產了，所以尺寸等規格方面也會很穩定。那麼，有可能利用既製品家具的優點來做裝修家具嗎？試著把裝修家具中最花錢的抽屜部分以既製品替換看看吧。

　　另外，洗臉化妝台的既製品套件非常便宜，但要包含收納功能時，在尺寸和組合方式上不容易與其他室內裝修調和，容易變成不上不下的東西。因此，可以將洗臉盆部分導入既製品，周圍的收納櫃以家具工事、或者就以木工工事來裝修。此時，可以將洗臉化妝台的門片也換掉，因為幾乎所有的門片和抽屜的前板，都只是從內部用螺絲固定而已，很容易更換。要注意的是，即使已經使用了類似顏色的化妝板門片，還是要在顏色、把手等細節避免出現微妙的差異，毫無違和感地將設計整合起來才行。

利用單純的製品

　　在既製品家具中，也有既單純且結構又堅固的產品。比如說 ERECTA 公司等系統家具的產品，即便是使用大跨距層板也不必擔心變形的問題。這裡介紹一個把 ERECTA 做為結構體、再覆蓋上不鏽鋼頂板的廚具【照片】。同系列的配件很多，可從廚具本體不斷向外擴張。其他如量販店等販賣的鋁擠型材料和系統部件組合也可以多加利用。將這些既製品做為廚具和收納櫃的基本結構，頂板和門片交由木工師傅處理。除了設備機器的安裝必須委託專門業者外，其餘的部分即使 DIY 也是可行，當然，成本也可以因此而降低。

圖｜將既製品的洗臉化妝台門片以門扇工事替換

平面圖［S＝1：40］

貼廚房不燃板材

為了讓收納櫃搭配既製品的洗臉台，必須在圖面上指示尺寸（門片交換後的尺寸）

2,880

250　750　250　900　1,630　730

541

搭配洗臉化妝台的縱深
替換洗臉化妝台門片，厚度18→21波麗木心板
（要確認既製品的縱深、門片厚度）

1,415

874

關於製作尺寸，
進貨時要請現場
工班實際測量洗
臉化妝台

280

只替換掉既製品的洗臉化妝台門片，並搭配其他家具。既製品的廚具和洗臉化妝台的門片大多只是在內側以螺絲固定，很容易就能替換。

設計：STUDIO KAZ
攝影：山本まりこ

立面展開圖［S＝1：40］

鏡子由玻璃工事施作

1,250　2　447　2　447　2 1　447　2　280

貼廚房不燃板材

250　750　250

1,170

290

740

800

107　614　729

220

698　740

2,200

1,460

1,250　900　730

既製品＋只替換門片的部分　　木工工事＋門扇工事

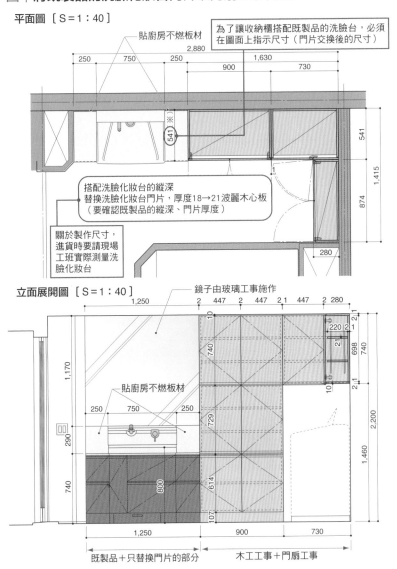

照片｜利用既製品結構體的廚具

ERECTA公司的系統家具結構上相當紮實，可選擇的配件也多。即使是大跨距的層板也不必擔心變形問題。這裡介紹透過ERECTA部件實現簡單、具現代感、而且經濟實惠的廚房設計。

frit's　照片提供：スタディオン株式会社

漂亮呈現手把部分的方法

照片 | 將手把連串起來的廚具

設計：STUDIO KAZ　攝影：山本まりこ

切口貼皮的包覆方法（左：縱向優先，右：橫向優先）

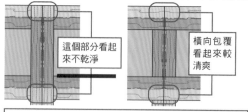

這個部分看起來不乾淨

橫向包覆看起來較清爽

最近的家具多採用橫向木紋，此時多花些工夫將縱向木紋的部件改為橫向木紋，會大大提高家具的美感

手孔部分剖面圖

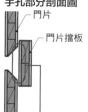

門片

門片擋板

從外側可直接看到門片擋板

將手孔部分的擋板以橫向木紋處理。雖然不是什麼要緊的地方，但隨便弄弄和用心處理會給人相當不同的印象。因此一定要講究地施作。

　以系統家具來說，將門片拆掉後就會出現不管用在哪裡都長得一樣的櫃體。但在裝修家具裡，櫃體的切口面常會和門片一樣，以同樣的顏色、材質來裝修。設計者若沒有特別指示的話，業者一般都會採縱向紋路的方式組裝。有安裝把手或握把時，門片間的縫隙大約是3~4mm左右，不太會出現從縫隙看到內部櫃體的情形；但如果是採用手孔時，因為門縫的間距較大，從外側就會清楚地看到櫃體內部。採縱向優先這種「一直以來都是如此」的方式施作時，會讓櫃體的接合部位出現很多線條，假如又是在視線高度的話，很容易會讓使用者感到不舒服。因此，即使維持縱向優先的方式組裝櫃體裝，也要指示切口貼皮改採橫向包覆。只要在設計圖上標明，就不會漏掉而能安心。這樣一來，接合部產生的線條可以減到最少，成為更清爽的設計【照片】。

Chapter 6
裝修廚具的
設計與細部

090
裝修廚房

POINT

即使不依賴系統廚具也能實現好用的廚房。
把廚房的裝修當做家具的延伸。

廚房是反映生活樣貌的鏡子

廚房是家中最受關注的場所之一。在這裡可以反映出各個家庭的飲食生活，最近也擔負起家族成員溝通場所的功能。

廚具方面，大部分的家庭會直接依廠牌選用系統廚具，但有時遇上顏色、材質無法和內裝搭配、或者尺寸形狀與建築不合、或因樣式與品質無法滿足等各種理由，也會採用裝修廚具。

和一般收納家具相比，裝修廚具在討論或收整樣式的檢討上較為費事，聽說有很多設計者因此不太願意接廚房的裝修案。不過，正因為廚房是直接反映業主生活的場所，所以更應該設計出最能符合空間內裝的廚房【照片】。

裝修廚具

廚具的特徵是，有大量門片和抽屜同時存在，而且，為了和設備機器組合起來，精度的要求也比其他家具更高。因此，大多會請家具製作公司製作廚具；不過，若能充分檢討內容和使用性，還是可由木工進行裝修。

廚具的基本構成和其他裝修家具相同，都是由底座退縮板、櫃體、門片、抽屜、頂板所組成。其上再安裝水槽‧水龍頭‧淨水器等用水機器、瓦斯或 IH 調理爐等加熱機器、排油煙機、烘碗機、烤爐等內建機器、其他各種的家電、料理工具、香料櫃或刀架等廚房配件，以及給水排水‧衛生‧換氣‧電氣設備等。此外也必須滿足消防和防火的相關法規，並把業主（特別是夫人）的喜好反映到設計上。不過倒是不必想得很困難。

①以粗塗做完成面處理的白色廚房

②從廚房望向餐廳

③使用白色人工大理石的廚房

④配置在生活中心位置的廚房

若將廚房視為反映生活型態的場所，就更該採用裝修廚具。設計上並不困難，相較於一般的裝修家具，只是與法規和設備有較多關連罷了。

⑤把牆面磁磚統一成白色

⑥轉角的部分以45度斜角方式處理

⑦不鏽鋼頂板的細部

設計：STUDIO KAZ　攝影：山本まりこ（①）、STUDIO KAZ（②～⑦）

1
2
3
4
5
6

裝修廚具

091
廚房的主體

POINT

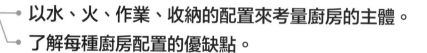

- 以水、火、作業、收納的配置來考量廚房的主體。
- 了解每種廚房配置的優缺點。

不要從形狀來發想

首先想強調的是，「設計廚房就是在設計飲食生活，把身為家具一環的廚房當成個體來思考完全沒有意義」。以這句話為基礎，接著再進一步說明。

構成廚房的基本要素有四個，即「用水的地方」、「用火的地方」、「作業的地方」、「收納的地方」。以這四個要素將業主的生活風格貫串起來。除了家中整體的生活動線（人的活動）、廚房與客廳和餐廳的作業動線（人與物的活動）外，還要意識到從廚房向外看出的景色、以及反過來從外部看廚房時的景色。同時也要均衡地規劃壁面及收納櫃、顏色和材質、照明、形狀、大小等，以襯托出在廚房中活動的人。

依循以上的要素歸納出的形狀，只是恰好可歸納為一字型或L型等而已【表】。

設計廚房時，如果直接從廚房的形狀來思考會變成倒因為果、是毫無意義的，必須回歸到基本要素上思考。

影響配置方式的條件

裝修廚具的基本做法和裝修家具一樣。不過，因為廚房裡會設置許多不同種類、大小的調理道具或設備機器，必須確保能讓機器有效率地使用、並且可安全作業的空間，因此有許多相關的規定必須遵守。具體來說可以分成給水、給熱水、排水、電氣、瓦斯、換氣等，以及與其相關的法規和安全規定。特別是關於排水和換氣、防火方面，要注意水槽和洗烘碗機（排水）、排油煙機（排氣）、加熱調理機（防火）的配置和其周邊的相互關係等。不只是使用上的便利性，安全性也是一個「好廚房」的重要條件。

表 | 廚房形狀的優缺點

形　狀		優　點	缺　點
一字型		·適合獨立型廚房 ·簡潔式設計 ·可減少死角空間 ·可將整體空間設計得精簡巧致	·做成開放式廚房（客廳式廚房）的話，廚房將會一覽無遺 ·幅寬變大時，會拉長廚房的作業動線
L型＋中島		·可將作業動線收得較小些 ·較易因應多人數的調理作業 ·在中島上多下工夫，使用方式可更多樣	·角落處必定會形成空間死角 ·必須包括餐廳在內一併計畫、考量相互的協調性 ·做成開放式廚房（客廳式廚房）的話，廚房將會一覽無遺
ㄇ字型		·作業動線可縮小 ·合併設置中島時，依所下的工夫決定使用的多樣性	·角落處必定會形成死角空間（而且有兩處） ·必須包括餐廳在內一併計畫、考量相互的協調性 ·做成開放式廚房（客廳式廚房）的話，廚房將會一覽無遺 ·合併設置中島時，會占去相當大的面積
半島型		·適合做成可遮蔽手部作業的開放式廚房	·角落處會形成死角空間，建議可在吧台另一側下工夫，加強使用性 ·水槽側與工作台收成一平面時，必須留意水的潑濺問題
半島型2		·油煙問題較少 ·在中島上多下工夫，使用方式可更多樣 ·中島上便於放置家電等用品 ·適合合併設置食材儲放室（walk-in pantry）	·單以廚房本體考量的話，會占用相當大的面積 ·水槽側與工作台收成一平面時，必須留意水的潑濺問題
半島型3		·相較於完全島型，可讓動線更簡化、空間效率佳 ·透過調整中島的大小，容易因應不同大小和形狀的空間 ·中島上便於放置家電等用品 ·適合合併設置食材儲放室	·因油煙容易擴散到其他生活空間，必須有因應對策才行 ·雖然橫向的排油煙機坊間亦有販售，但選項少、且不一定適合 ·水槽側與工作台收成一平面時，必須留意水的潑濺問題
島型		·油煙問題較少 ·在中島上多下工夫，使用方式可更多樣 ·透過調整中島的大小，容易因應不同大小和形狀的空間 ·容易兼做廚房以外的生活空間 ·適合合併設置食材儲放室	·水槽側與工作台收成一平面時，必須留意水的潑濺問題

092
法規的確認

POINT

● 廚房是「用火室」，因此內部裝修上會受到限制。

● 每一次都要確認所屬地方自治體的相關法規。

關於火的限制

與廚房有關的設備很多，也有很多相關的法律規定必須遵守。比如說，幾乎所有的廚房都會使用加熱設備，所以在日本必須符合「用火室的內裝限制」[8] 相關規定【圖1】。特別是最近成為主流的開放式廚房，如果沒有設置防煙垂壁的話，依加熱調理器周邊的牆壁和天花板的設計方式，有可能連客廳都會被包含到消防法規的限制範圍中。

此外，廚房中的火源必須與可燃物保持適當距離【圖2】。相關法規的規範包含牆壁的底材和結構體，絕不是「外表貼上磁磚就沒問題了」。再者，不只是平面、立體方向上也必須考量。包括排油煙機（濾油排風機）的安裝高度或天花板的裝修方式也要注意是否符合規範。

雖然 IH 調理爐是利用電力加熱，但就法規上來說 IH 就是火，必須和瓦斯爐採相同的方式處理。由於有些地方自治體的法規不盡相同，所以務必確認清楚。另外也要注意，在不使用時，把廚具（加熱調理機）用門扇遮蓋起來也是違法的。

其他的規定

設計時務必確實計算出必要換氣量。要注意的是，這裡所指的不是計算吸入口，而是計算廚具通向室外的出風口換氣量。如果從吸入口到出風口的距離很長、或者途中轉彎處很多的話，都會減弱換氣能力，無法確保必要的換氣量。

與用水相關的法規方面，要注意的是廚餘絞碎機。在日本，很多地方自治體為了減少下水道與污水處理廠的負荷，會禁止使用廚餘絞碎機。

這些法規對廚具與家具的設計、收整方式、材質、設備機器的選擇上都會產生很大的影響，最好事先就能正確地認識與理解。

譯注
8. 台灣依《建築技術規則建築設備篇》第 80 條規定，設置燃氣器具之室內裝修材料，必須達耐燃二級以上。在排氣設備方面，排氣溫度 260 度以上時，排氣器具之防火間距需有 15cm 以上或以厚度 10cm 以上非金屬不燃材包覆；排氣溫度未達 260 度時，防火間距取排氣筒直徑之 1/2 或以厚度 2cm 以上非金屬不燃材料包覆。但密閉式燃燒器具之供排氣筒或供排氣管之排氣溫度在攝氏 260 度以下時，不在此限。

圖1 | 日本瓦斯爐周邊的內裝限制

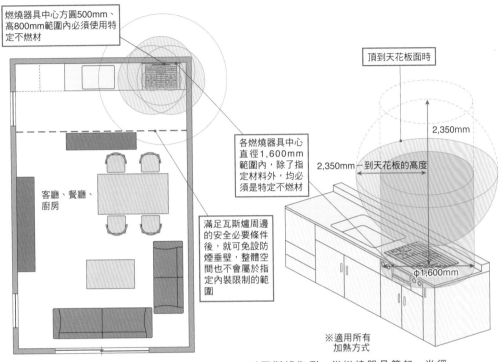

燃燒器具中心方圓500mm、高800mm範圍內必須使用特定不燃材

各燃燒器具中心直徑1,600mm範圍內，除了指定材料外，均必須是特定不燃材

滿足瓦斯爐周邊的安全必要條件後，就可免設防煙垂壁，整體空間也不會屬於指定內裝限制的範圍

客廳、餐廳、廚房

頂到天花板面時

2,350mm

2,350mm－到天花板的高度

φ1,600mm

※適用所有加熱方式

以瓦斯爐為例。從燃燒器具算起，半徑800mm、高2,350mm的範圍內，都必須使用特定不燃材料。若天花板高度從燃燒器具算起不足2,350mm時，以2,350mm扣除實際到天花板的高度、再以這個值當做半徑畫出球體範圍檢討設計。

圖2 | 瓦斯爐的間隔距離

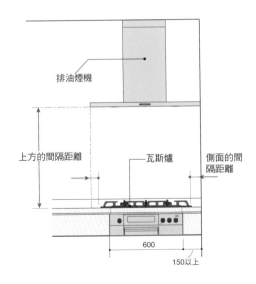

排油煙機

上方的間隔距離

瓦斯爐

側面的間隔距離

600

150以上

上方的間隔距離

	排油煙機或不燃材料	天花板等不燃材料以外的材料
附Si感知器瓦斯爐	600mm以上	800mm以上
IH調理爐	800mm以上	1,000mm以上

側方、後方的間隔距離
側方及後方的間隔距離要從加熱器本體算起150mm以上。但最近有愈來愈多寬度達到750mm的機器等，要符合防火標準時，可以讓側邊間隔75mm、後方50mm。一定要確認廠商的裝設說明書。若無法保持距離時，要特別注意背護板的材質是否為人工大理石。因為人工大理石並非不燃材料，必須按規定設置防熱護罩。

排油煙機
排油煙機本體、排氣風管周圍的間隔距離，以及安裝本體時的底材是否必須是不燃材料等，都要和消防單位確認。

093
廚房的收納計畫

POINT

● 將工具依調理作業分類。
● 區分看得見的收納與看不見的收納。

收納計畫的基本

廚房中最為業主期待、變化豐富、同時也是業主最容易對現狀不滿的就是收納的部分。每個人心目中的好用定義都不盡相同，因此事前訪談和掌握現場狀況相當重要。

不只是廚房，所有收納的基本都是「好整理好取出」。雖然配合物品來決定收納的場所和尺寸或許很理想，但若只專注在這點上，廚房全體的平衡感和成本、設計都會變得紛亂，也無法因應生活型態的變化。

較理想的方式是，大致將廚房收納區分為水區、火區、食器、其他等四個大類後，再進一步分別出經常使用和不常使用的物品。然後思考收納時哪些要做成看得見的、哪些要隱藏起來？是否要做成抽屜？包括了收納櫃是要吊掛在排油煙機周邊的牆面、還是與排油煙機的外罩整合成一體等，也都要一併檢討【照片1】。此外，對於細節也不能馬虎，例如利用抽屜收納食器時，要避免使抽屜內的食器在開閉時產生碰撞。

開放式廚房的收納

以開放式廚房來說，如果設計時能將餐廳和客廳含括在內一起計畫，便可維持廚房與客餐廳的連續性、將不同的空間毫不唐突地連結起來。

最近在廚房採用吊櫃的做法有減少的傾向，但吊櫃在確保收納量方面是不可輕忽的。使用吊櫃時要注意高度和縱深。如果櫃體的縱深過大，不僅會產生壓迫感，作業性也會變差。此時可將吊櫃設計成上下兩段、採用不同的縱深和開閉方法，就可以有效地依使用頻率和物體大小進行收納【照片2、3、圖】。再者，以常用尺寸的規格製作時，有時會發生無法放入收納物的情況，所以務必實際確認業主希望收納的物品尺寸後再來製作。

照片1 | 下吊式收納

在爐具前裝設管材、吊掛廚具的情景很常見，但這種做法必須注意從客廳和餐廳看過來的視線，一做不好就會變成營業用廚房的感覺。

設計・攝影：STUDIO KAZ

照片2 | 分成兩段的吊櫃

將吊櫃分成上下兩段，上段的縱深比一般更深，下段極淺。調味料和調理器具等使用頻率高的放在下段，使用頻率低的則放在上段。再者，也可透過調整櫃體高度（下圖），增加使用的便利性。

設計：STUDIO KAZ　攝影：相澤健治

照片3 | 在吊櫃的位置下工夫的收納櫃

雖然和照片2一樣，將吊櫃分為上下兩段、並在縱深上做變化之外，還進一步將下段櫃子設置得更低一些，以便放置使用頻率高的杯子等，為此還做了瀝水架。下段櫃子不加門片、層板使用打孔不銹鋼板，透氣性更佳。

設計：STUDIO KAZ　攝影：坂本阡弘

圖 | 在吊櫃上下工夫

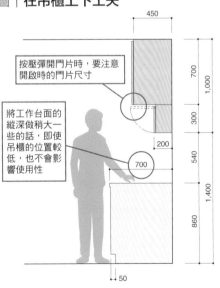

按壓彈開門片時，要注意開啟時的門片尺寸

將工作台面的縱深做稍大一些的話，即使吊櫃的位置較低，也不會影響使用性

一般的吊櫃縱深為375mm左右，但若能將吊櫃分成上下段，並將上段做深、下段做淺，就可以提升使用性，同時確保收納量。下段的吊櫃門可以做成彈開式，或者採開放式、安裝瀝水架等各種不同的變化。

094
家電製品的收納

POINT

確認每種機器的設置基準。

以使用的便利性來考量門片的開啟方式。

熱和蒸氣的對策

廚房裡會使用各式各樣的家電製品，例如烤爐和微波爐、烤麵包機等會發熱的，或是電子鍋和蒸氣烤爐等會產生蒸氣的產品等，因此在設計時也不能忘記處理散熱和蒸氣問題。

其中，內建的設備機器因為直接收納在櫃體內，只要符合散熱規定就可以了。不過，這類設備機器多半是進口產品，價格較高、導入的門檻也很高。因此一般家庭通常會個別購買微波爐、烤爐、電子鍋等，而這些家電製品幾乎都是要在櫃體門片打開的情況下使用。此外，顏色或形狀上也很不一致，放在一起會讓人感覺不美觀，因此不使用的時候多半會收藏起來。這時候，就需要在門片的開啟方式上多下工夫。近十多年來已經有各種開啟方式的家具五金可以選用，計畫時要考量五金各

自特有的活動方式、門片大小和耐重的極限、收整的方法、成本等。因此，也需要經常了解五金的最新情報才行【圖】（參照第107頁）。

好用的定義每個家庭都不同

舉例來說，同樣是把電子鍋收納在抽屜內、只有使用時拉出來的設計提案，就要一併考量拉出抽屜盤使用、以及利用蒸氣排出組件，以因應蒸氣問題【照片】。

再者，以電子鍋來說，每個家庭適合放置的高度不盡相同。對於想放在餐桌邊的家庭來說，放置在推車上的收納方式使用起來會很方便。其他像烤爐等，也會隨著門片的開啟方式不同，產生放置高度上的些微差異。計畫時要了解各個家庭的好用定義，並找出與設計之間的平衡，這些都是不可缺少的功課。

圖1 | 設置捲門式家電收納的計畫〔S＝1：30〕

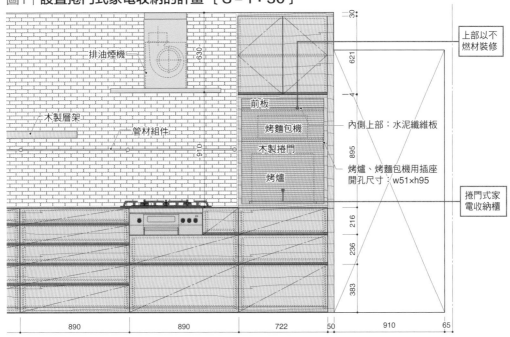

排油煙機
木製層架
管材組件

前板
烤麵包機
木製捲門
烤爐

30
621
4
895
216
236
383

630
910

上部以不
燃材裝修

內側上部：水泥纖維板

烤爐、烤麵包機用插座
開孔尺寸：w51×h95

捲門式家
電收納櫃

890　　890　　722　50　　910　65

使用木製捲門的廚具。捲門和門片以相同顏色做染色處理。捲門可以在任何位置
上自由開停，使用性非常好。因為是內藏式收納，業主的評價會很兩極。

設計：STUDIO KAZ　攝影：山本まりこ

照片 | 蒸氣排出組件

蒸氣排出組件本體。

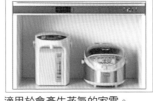

適用於會產生蒸氣的家電。

蒸氣排出的原理。

照片提供：東芝ホームアプライアンス株式会社

1
2
3
4
5
6

裝修廚具

095
食器、金屬餐具的收納

POINT

- 配合收納物計畫大小和高度。
- 以「放入餐具分類盤剛剛好」的方式收納。

考量未來變化的收納計畫

日本人的飲食生活多樣化的結果，就是家庭裡為了因應不同料理，而需要各種形狀、尺寸的食器。由於各家庭在食器的種類、數量、收納方法上都不相同，因此對於食器的收納計畫，必須事先與業主進行詳細的諮詢才行【圖1】。

最近愈來愈常見到抽屜式的食器收納。對此要注意的是，抽屜內的碗、盤等食器很容易因為開閉活動而產生位移、甚至導致破裂。此時可以利用隔板或者使用止滑墊等，讓食器在抽屜內不會滑動。

雖然設計食器收納櫃時必須先向業主諮詢過，但過度嚴密的計畫，反而會造成無法因應生活型態的變化。例如隨著年紀增長、身體狀況變化、家族型態變化等，會讓飲食方式和必要使用的食器也跟著改變。因此計畫時也要留心把將來的可能性也考量進去。再者，食器有可能因搖動撞擊而破裂，這時可在門片和抽屜上裝設防震扣，避免因地震造成食器掉落【圖2】。

利用餐具分類盤收納

筷子和刀子、叉子、湯匙等，建議可使用餐具分類盤來收納，可直接使用一般市售的產品【圖3】。除了特別情況外，收納餐具的抽屜高度只要有 50~60mm，就能不浪費空間、又很好使用。此外也有不管哪一種尺寸的抽屜都能使用的廚具配件產品，也可以多加利用。採用這些產品時，要放入餐具分類盤的抽屜前板高度需要有 110~150mm*。不過，這個高度的抽屜只能以餐具分類盤來收納，若想要收納其他餐具就會太淺，因此設計時也必須考量如何將抽屜均衡地分隔使用。或者也可以依使用方式，將抽屜內部分成上下兩層。

＊原注：餐具盤的高度一般在 50~60mm 左右。考量到滑軌和櫃體抽屜擋板的空間後，若想確保內部淨高，抽屜前板的高度會需要 110~150mm 左右。

圖1 | 廚房壁面的收納計畫［S＝1：40］

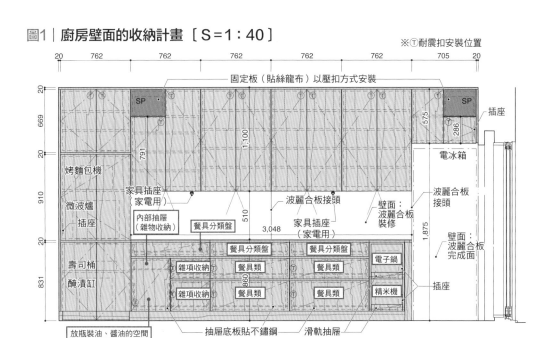

固定板（貼絲龍布）以壓扣方式安裝

SP　SP　插座

電冰箱

波麗合板接頭

壁面：波麗合板裝修

波麗合板完成面

插座

烤麵包機

家具插座（家電用）

內部抽屜（雜物收納）

餐具分類盤

波麗合板接頭

家具插座（家電用）

微波爐

插座

壽司桶

醃漬缸

餐具分類盤

餐具分類盤　餐具分類盤

電子鍋

雜項收納　餐具類　餐具類

雜項收納　餐具類　餐具類

精米機

放瓶裝油、醬油的空間

抽屜底板貼不鏽鋼　滑軌抽屜

圖2 | 防止抽屜內食器移動的組件

止滑墊

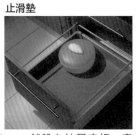

鋪設在抽屜底板，表面有防止食器和調理工具滑動的紋路。

盤子固定器

在開孔底板上立分隔桿等系統配件，防止食器滑動。

瓶子固定器

抽屜系統上的可選用配件。裝設在軌道上，讓瓶子不會移動。

照片提供：Häfele

圖3 | 系統化餐具分類盤

搭配抽屜內部淨尺寸做出剛剛好的收納空間。

照片提供：Häfele

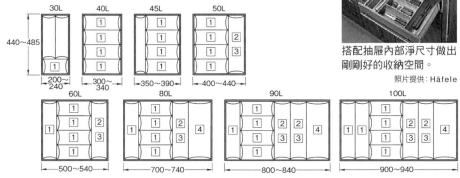

可選用配件　1：分格板　2：刀具置放格　3／4：調味料用托盤。

096
食品、食材的收納

- **食材的收納處需有換氣計畫。**
- **盡量以可彈性因應的方式計畫食材儲放室。**

食品·食材的收納

廚房中也需要計畫食材的收納。可依保存方式將食材分為必須冷藏保存的食品、青菜等不用冷藏但需要通風環境的食品、要冷凍的食品、以及罐頭等可長時間保存的食品。然後，進一步依粉類、乾貨類、平常用的調味料、葡萄酒或啤酒等來分類，再加上具備溫度和濕度控制，就是理想的食品、食材收納（儲放）了。

在溫度方面，要注意食品與機器類、外壁（斷熱）的位置關係。特別是背面朝西的水泥（RC）牆廚房，必須充分考量西曬產生的壁體蓄熱問題。

濕度方面，存放青菜的場所需有良好的通風，因此通常會在櫃體或門片上開孔、或者在外牆上開設通氣孔等。

建議做食材儲放室

假使家中還有收納食材的餘裕空間，建議可以做食材儲放室（walk-in pantry）

【圖2】。為了收納大小非常分歧的眾多食材，食材儲放室裡僅需粗略地裝設可動式層架，並和廚房的動線連結。若不限定只用來存放食材，也可將使用頻率較低的家電製品和調理工具、酒櫃、垃圾桶等也放入食材儲放室裡，使用上會很便利。因為只是一間分隔的小房間，又可使用店鋪用的層架柱和托座來構成，預算上可以很精簡。

即使空間上不允許設置獨立的食材儲放室，也要檢討是否導入抽屜式的食材收納單元組件【圖1】。將收納櫃體和電冰箱、烤爐等縱深較長的機器並排、利用這個縱深設計成食材收納櫃。再者，橫向拉出式的抽屜收納櫃在使用上也很方便。

圖1│使用食材收納單元組件的例子〔S＝1：40〕

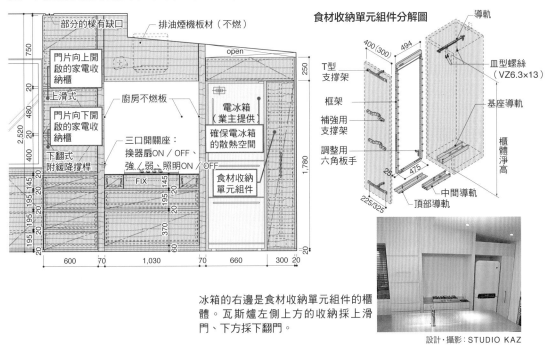

食材收納單元組件分解圖

部分的樑有缺口
排油煙機板材（不燃）
open
門片向上開啟的家電收納櫃
上滑式
門片向下開啟的家電收納櫃
下翻式附緩降撐桿
廚房不燃板
三口開關座：換器扇ON／OFF、強／弱、照明ON／OFF
電冰箱（業主提供）
確保電冰箱的散熱空間
食材收納單元組件
FIX

導軌
T型支撐架
框架
補強用支撐架
調整用六角板手
皿型螺絲（VZ6.3×13）
基座導軌
櫃體淨高
中間導軌
頂部導軌
400(300)
494
25
475
225/325

冰箱的右邊是食材收納單元組件的櫃體。瓦斯爐左側上方的收納採上滑門、下方採下翻門。

設計・攝影：STUDIO KAZ

圖2│設置食材儲放室的例子〔S＝1：50〕

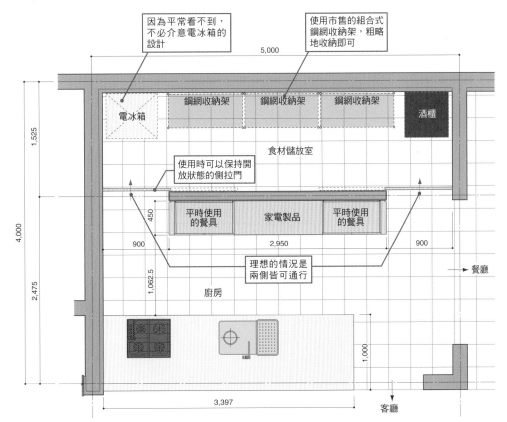

因為平常看不到，不必介意電冰箱的設計
使用市售的組合式鋼網收納架，粗略地收納即可
電冰箱
鋼網收納架
鋼網收納架
鋼網收納架
酒櫃
食材儲放室
使用時可以保持開放狀態的側拉門
平時使用的餐具
家電製品
平時使用的餐具
理想的情況是兩側皆可通行
廚房
餐廳
客廳

5,000
1,525
4,000
2,475
450
900
2,950
900
1,062.5
1,000
3,397

097
廚房的照明計畫

POINT

- 思考能滿足「氛圍」和「機能」的照明計畫。
- 積極地活用 LED。

開放式廚房的照明

廚房是使用刀子的場所，也有目視確認食材鮮度、量測食材和調味料分量、確實掌握料理進程的需求，因此必須具備較一般居住空間更高的照度。獨立的封閉式廚房在天花板和櫃底裝設螢光燈就已足夠；但開放式廚房不同，因為緊鄰著餐廳和客廳，而且也可能因所在位置的關係而必須和走廊或寢室、書齋相互調合，因此照明的配置方式，必須依據時間帶區分成多種不同的照明用途。

首先，作業空間和水槽、加熱區域都需要保持一定的亮度，不能產生會影響調理作業的影子。其次，從工作台開始、即使只是超出一點點的地方，也要和其他空間的照度配合。這樣一來，便可以形成一致的整體空間，既不會出現不協調的感覺，也不會讓工作台的亮度特別明顯，這樣就可以讓廚房成為展現生活風格的舞台【照片1、2】。

照明器具的選擇方式

狹角聚光燈和下照燈都能呈現出如前述一般的效果。此外，考量到「人才是廚房中的主角」，最好盡可能選用不顯眼的燈具。

由於這樣的照明計畫會讓工作台以外的部分變得比較暗，因此必須在計畫上多下一些工夫才行。吊櫃下方一般是裝小形鹵素燈，但近幾年已逐漸被家具用的 LED 下照燈取代【照片3、圖】，LED 的優點在於幾乎避免了開關燈和更換燈泡時的燙傷事故。此外，利用門片連動的開關設計、以及抽屜內部的線狀照明等，也都因為 LED 燈的普及而更容易採用【照片4】。

照片1│光影的演出

在天花板埋入內嵌式下照燈。消除燈具存在感的同時，又能確保工作台的明亮。　　設計‧攝影：STUDIO KAZ（照片1‧2）

照片2│開放式廚房的照明

並不是要使室內照明都一樣亮，而是只讓中島、台面、爐具、作業空間等必要處明亮（機能照明）而已。其他處則是埋入地板式等可提升氣氛的照明。

照片4│照亮抽屜內部的帶狀照明

櫃體內組入帶狀LED燈，抽屜一開就自動開燈。

照片3、圖│LED家具用下照燈

層板燈也以LED為主流。因為發熱少，對下方物品和材料的影響也較小，更不必擔心會被燙傷。

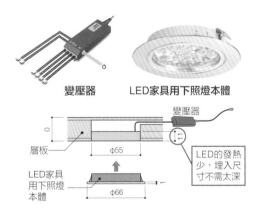

變壓器　　　　LED家具用下照燈本體

層板　　　φ55

變壓器

LED家具用下照燈本體　　　φ66

LED的發熱少，埋入尺寸不需太深

照片提供：Häfele（照片3‧4）

098
尺寸計畫

POINT

● 考量調理作業的流程來決定平面的大小。
● 高度上的計畫對使用的便利性和安全性有很大影響。

平面上的大小

若要追求可高效率進行調理作業的廚房尺寸，計畫時就不能只著眼在平面，也必須在立體方向上做縝密的檢討。

首先，平面上的大小會決定工作台的縱深、通道寬度、作業三角等【圖1、2】。日本一般常見內建附烤盤瓦斯爐的廚房，工作台的縱深要有 600mm 以上。不過，考量到瓦斯爐和牆壁間的安全距離、以及可能會安裝其他內建機器之下，多半會做到 650mm 以上。也有將工作台的縱深設計成 750mm 的例子，但這樣反而會降低使用感，若沒有先和業主說明，有可能因此導致客訴問題。

但反過來說，縱深淺的廚具很適合小房子使用。雖然需要在爐具的收納方式上多下工夫，但日後多多改用縱深淺的廚具也是不錯的選擇。這時會影響設計的關鍵在於混合式水龍頭，因為可選擇的產品還相當少；如果無法取得足夠縱深的話，有一個訣竅就是可將工作台面兼做窗戶邊框使用。

立體上的大小

雖然可參考決定工作台高度指標的公式（身高 ÷ 2 + 50mm），但實際上則是會受到使用者手腳的長度、有沒有穿脫鞋、是否有內建機器等因素所左右。另外，廚具有安裝內建機器時，只要將操作面板的線條和抽屜或門片搭配整齊，看起來就會很清爽。因此，務必在簽認圖上仔細檢查細部的尺寸。

再者，在水槽部分、作業空間、及加熱部分都有不同的適合高度【圖3】。甚至同樣是加熱機器，瓦斯爐和 IH 調理爐需要的高度也會不同。必須在業主的活動習慣和設計間取得平衡。

或者也可以將排油煙機、吊櫃的高度·寬度·縱深，配合磁磚縫位置和窗戶的大小來設定，也能做出具有美感的家具。

圖1 | 作業台面的大小

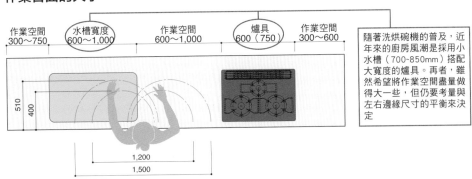

作業空間 300〜750
水槽寬度 600〜1,000
作業空間 600〜1,000
爐具 600（750）
作業空間 300〜600

510
400
1,200
1,500

隨著洗烘碗機的普及，近年來的廚房風潮是採用小水槽（700〜850mm）搭配大寬度的爐具。再者，雖然希望將作業空間盡量做得大一些，但仍要考量與左右邊緣尺寸的平衡來決定

圖2 | 作業三角

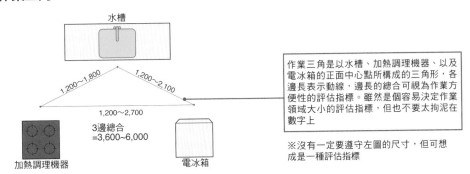

水槽

1,200〜1,800
1,200〜2,100
1,200〜2,700

3邊總合
=3,600〜6,000

加熱調理機器

電冰箱

作業三角是以水槽、加熱調理機器、以及電冰箱的正面中心點所構成的三角形，各邊長表示動線，邊長的總合可視為作業方便性的評估指標。雖然是個容易決定作業領域大小的評估指標，但也不要太拘泥在數字上

※沒有一定要遵守左圖的尺寸，但可想成是一種評估指標

圖3 | 工作台面的高度

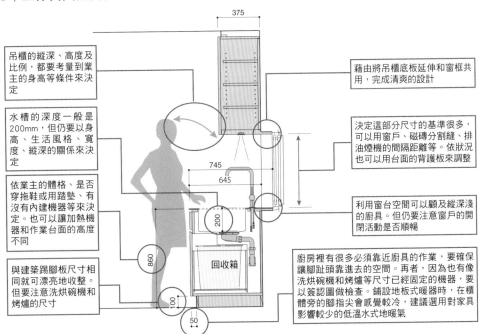

吊櫃的縱深、高度及比例，都要考量到業主的身高等條件來決定

水槽的深度一般是200mm，但仍要以身高、生活風格、寬度、縱深的關係來決定

依業主的體格、是否穿拖鞋或用踏墊、有沒有內建機器等來決定。也可以讓加熱機器和作業台面的高度不同

與建築踢腳板尺寸相同就可以漂亮地收整。但要注意洗烘碗機和烤爐的尺寸

375
745
645
200
860
100
50
回收箱

藉由將吊櫃底板延伸和窗框共用，完成清爽的設計

決定這部分尺寸的基準很多，可以用窗戶、磁磚分割縫、排油煙機的間隔距離等。依狀況也可以用台面的背護板來調整

利用窗台空間可以顧及縱深淺的廚具。但仍要注意窗戶的開閉活動是否順暢

廚房裡有很多必須靠近廚具的作業，要確保讓腳趾頭靠進去的空間。再者，因為也有像洗烘碗機和烤爐等尺寸已經固定的機器，要以簽認圖做檢查。鋪設地板式暖氣時，在櫃體旁的腳指尖會感覺較冷，建議選用對家具影響較少的低溫水式地暖氣

裝修廚具

099
工作台①

POINT

不鏽鋼是理想的廚房素材。

不鏽鋼的完成面處理方式會決定整體的氣氛。

思考工作台面

思考廚房設計時，要考量門片的顏色、材質與空間的配合度。其中，工作台通常會著重在便利性。但以廚房實際的「面貌」來說，工作台在空間中占的比例意外地高。因此選擇素材時，也要謹慎考量材質給人的印象。主要可做為素材的有不鏽鋼、天然石、美耐板、磁磚、木材等【表】。

不鏽鋼製工作台

對於廚房所要求的功能（如耐熱性、耐藥性、耐磨耗性、耐酸性、耐菌性、易清掃性）來說，最理想的材料就是不鏽鋼。不過相反地，金屬特有的閃亮感和映照等特性，會讓人有業務用廚具的印象，和一般室內裝潢不大相襯。因此最近的不鏽鋼多採用振紋處理的加工法。比起傳統的髮絲紋，振紋不鏽鋼對照明等的光反射和映照較少，有柔化的效果。不過，振紋處理的效果會因為施工師傅的不同而有差異，務必以樣本做為確認的依據【照片2】。

廚房中使用的大多是SUS304（18-8）不鏽鋼【照片1】。其他也有使用SUS430不鏽鋼的（參照第86頁）。製作不鏽鋼工作台時，通常會以板金方式加工、再熔接水槽和端部【圖】。因此，若不使用比系統廚具更厚的板材，就可能產生材料扭曲的現象，板材厚度至少要1.2~1.5mm，並在內側黏貼耐水合板等以增加強度。以筆者的習慣，想盡量呈現輕薄感時，建議採用不做彎板處理的4mm不鏽鋼板。這是即使加上某種程度的負重後，材料本身也不會彎曲的極限厚度。

表｜不同材質工作台的優缺點

	耐熱性	耐藥性	耐磨耗性	耐酸性	抗菌性	清潔性	成本	備注
不鏽鋼	◎	◎	◎	◎	◎	◎	○	外觀的硬派感是主要課題。要在表面處理上下工夫
壓克力系人工大理石	○	◎	○	△	◎	◎	○	現場加工性極佳
石英系人造大理石	◎	◎	◎	◎	◎	◎	△	超越天然石材的性能和美觀。是今後廚房的主流
花崗岩	○	◎	◎	○	○	◎	△	要做出豪華感的話，沒有比花崗石更優秀的了
大理石	○	△	◎	△	○	◎	△	優雅性第一名
美耐板	△	△	△	△	○	○	◎	價格低是最大的魅力所在。接合部的防水處理是主要課題
美耐板製成板	△	△	△	△	○	○	◎	價格低是最大的魅力所在。接合部的防水處理是主要課題
集成材	△	△	△	△	△	△	◎	價格低是魅力所在。防潑撥水處理及平時的養護很重要
實木板	△	△	△	△	△	△	△	存在感是魅力所在。可兼用於餐桌
磁磚	◎	◎	○	○	△	△	○	可創造出各式各樣的氛圍，分割縫的處理和裂開是主要課題
混凝土	◎	◎	○	△	△	△	○	RC結構很有魅力。有防潑水處理及斑痕等問題

照片1｜不鏽鋼構成的廚房

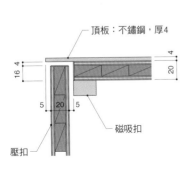

頂板是SUS304不鏽鋼（振紋處理），櫃體和面板是SUS430（No.4完成面處理）。

設計：今永環境計畫＋STUDIO KAZ　攝影：STUDIO KAZ

照片2｜各種完成面處理的不鏽鋼

左上：髮絲紋，右上：振紋，右下：鏡面，各有其獨特表情。

攝影：STUDIO KAZ

圖｜不鏽鋼的收整方式

俐落的收整方式［S＝1：4］

頂板：不鏽鋼，厚4

磁吸扣

壓扣

具有厚重感的收整方式［S＝1：4］

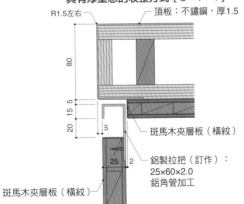

R1.5左右

頂板：不鏽鋼，厚1.5

斑馬木夾層板（橫紋）

鋁製拉把（訂作）：25×60×2.0 鋁角管加工

斑馬木夾層板（橫紋）

100
工作台②

POINT

- 廚房台面材料的主流是能在現場加工的壓克力系人工大理石。
- 所有性能上都很優秀的石英系人造大理石相當受到矚目。

壓克力系人工大理石

現在，家庭中最常採用的廚房台面材料當屬人工大理石了。人工大理石的種類很多，裝修時多半是使用壓克力系的人工大理石【照片1】。顏色和花紋方面都很豐富，即使現場加工也可以接合到幾乎看不出縫隙【圖】，能隨著設計做出需要的大小和形狀，可以運用在大片板材難以搬入的大樓等現場。此外，壓克力系人工大理石還能在牆壁與牆壁之間完美地整合起來。和不鏽鋼比起來，雖然壓克力系人工大理石在耐熱性和耐藥性上表現較差，但在一般使用上完全沒有問題。

在過去，要讓工作台和水槽使用同樣素材的話，只能選擇不銹鋼。但近年來，隨著人工大理石製水槽的登場，使得人工大理石也可以滿足相同需求。除了必須使用防火材料的範圍外，其他包括牆面在內都可以採用同樣的素材無縫製作。素材本身的工作性也很好，相信今後的運用範圍會更為擴大。

石英系人造大理石

這幾年，特別是在歐洲變成廚房主流材料的是石英系人造大理石【照片2】。石英系人造大理石以天然石英（Quartz）為主要成分，表面硬度和耐污性、抗衝擊性等表現，不要說壓克力系人工大理石，甚至連天然石材都超越了。

至於加工性方面，石英系人造大理石仍比不上壓克力系人工大理石，但比天然石材要好，幾乎可以做到無縫接著。雖然價格極高且種類還不多，但同材質的水槽已經面世，此後可繼續發展的要素很多。

不過要特別注意，不論是壓克力系人工大理石還是石英系人造大理石，都沒有耐火認證、也不能使用在防火法規的內裝限制部分（參照第204頁）。

照片1｜壓克力系人工大理石

頂板使用壓克力系人工大理石。為了表現出厚重感，頂板的邊緣厚度做80mm（左下圖）。

設計：STUDIO KAZ　攝影：垂見孔士

照片2｜石英系人造大理石

使用石英系人造大理石的廚房。具備比天然石材更優秀的性能，在歐洲逐漸成為主流材料。

照片提供：大日化成

圖｜人工大理石的收整方式

俐落的收整方式〔S＝1：4〕

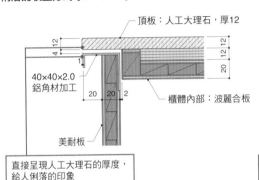

頂板：人工大理石，厚12

40×40×2.0
鋁角材加工

美耐板

櫃體內部：波麗合板

直接呈現人工大理石的厚度，給人俐落的印象

一般收整方式〔S＝1：4〕

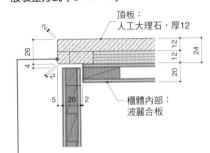

頂板：
人工大理石，厚12

櫃體內部：
波麗合板

將兩片人工大理石貼合。是人工大理石才有的無縫接合手法。即使厚度較厚，還是能比一般廚具的收整方法（厚度約36-40mm）給人更銳利的感覺

具厚重感的收整方式〔S＝1：4〕

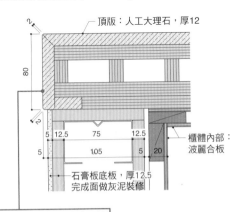

頂版：人工大理石，厚12

櫃體內部：
波麗合板

石膏板底板，厚12.5
完成面做灰泥裝修

要表現厚度時必須注意，某些人工大理石的紋樣在頂板面和切口處會不同

附水切的收整方式〔S＝1：4〕

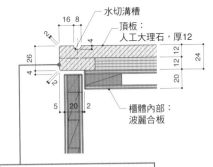

水切溝槽

頂板：
人工大理石，厚12

櫃體內部：
波麗合板

現在附水切頂版的需求較少，業主有需求時在端部鑿出溝槽就可以了。即使只在水槽前端設置也很有效果。是人工大理石才有的處理方式

1
2
3
4
5
6

裝修廚具

221

101
工作台③

POINT

- 計畫天然石工作台時要注意接合的位置。
- 注意美耐板的接合方法和位置。

天然石材的工作台

使用天然石材製作工作台的最大理由，就是石材本身的豪華感【圖1】。當然，石材本身堅硬且不易導熱的特性也很適合用在工作台上。不過，石材在重量和原材的大小上有其限度。雖然依石材種類和廠商會有不同，但建議還是以 $1 \times 2m$ 的尺寸來考量，超過這個尺寸就要用對接的方式處理。至於接頭要設在哪，不只是設計考量，對使用上的便利性也會有很大的影響。以筆者來說，多半會把接頭設在水槽的中心處。若接頭是設置在作業台面上的話，當要揉製麵包、餅乾、麵食等材料時，食材會碰觸到接頭處，讓使用者感到不衛生。

一般來說，大理石被認為不適用於廚房台面。和花崗岩相比，大理石的表面遇水會劣化，而且不耐酸和鹼；但這些缺點其實可以藉由使用時的注意和日常保養來解決。和業主充分說明後再採用的話，是不會有問題的。

石材價格會隨石材的種類而有很大的不同，若是使用較低價的石材，只要取材做得好，價格上並不會和使用不鏽鋼或人工大理石相差太多。

使用其他的素材

可做為台面裝修材的還有美耐板【圖3】。現在在海外都還很常見。雖然美耐板既便宜性能又好，但和前述的素材相比較缺乏質感，使用時要注意避免讓水從接頭處滲入。但反過來說，若那些地方都能顧及到，也算是相當有魅力的素材。

此外，雖然實例不多，實木板和集成材、磁磚也可用來製作工作台【圖2、4】。

圖1 | 天然石材台面〔S＝1：4〕

基本收整方式

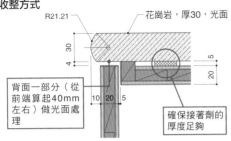

R21.21 花崗岩，厚30，光面
30
4
10 20 5
20

背面一部分（從前端算起40mm左右）做光面處理

確保接著劑的厚度足夠

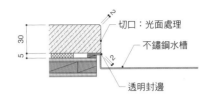

切口：光面處理
不鏽鋼水槽
透明封邊
30
5
2

以天然石材做出厚度時的收整方式

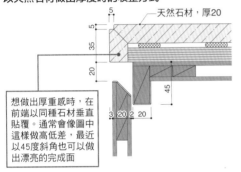

5
天然石材，厚20
5
35
20
45
3 20 2 20

想做出厚重感時，在前端以同種石材垂直貼覆。通常會像圖中這樣做高低差，最近以45度斜角也可以做出漂亮的完成面

圖2 | 貼磁磚的工作台面〔S＝1：4〕

切口以硬木製作

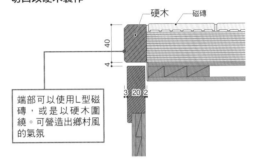

硬木 磁磚
40
4
3 20 2

端部可以使用L型磁磚，或是以硬木圍繞。可營造出鄉村風的氣氛

圖3 | 美耐板工作台〔S＝1：4〕

美耐板的收整方式

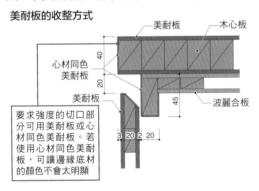

美耐板 木心板
40
心材同色美耐板
20
45
美耐板 波麗合板
3 20 2 20

要求強度的切口部分可用美耐板或心材同色美耐板。若使用心材同色美耐板，可讓邊緣底材的顏色不會太明顯

美耐板製成板的收整方式

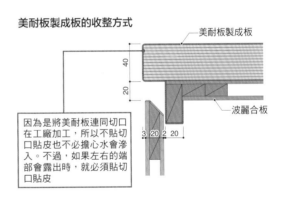

美耐板製成板
40
20
波麗合板
3 20 2 20

因為是將美耐板連同切口在工廠加工，所以不貼切口貼皮也不必擔心水會滲入。不過，如果左右的端部會露出時，就必須貼切口貼皮

圖4 | 集成材工作台的收整方式〔S＝1：4〕

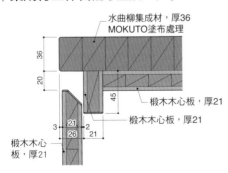

水曲柳集成材，厚36 MOKUTO塗布處理
36
20
45
椴木木心板，厚21
椴木木心板，厚21
3 21 2
26 21
椴木木心板，厚21

廚具的頂板使用訂製的整片水曲柳集成材。門片、櫃體用椴木木心板製作。全部以木工工事現場處理，成本非常低廉。考量到防水問題，因此採用從水槽上立水龍頭的掛置式水槽。
設計·攝影：STUDIO KAZ

102
水槽

POINT

依水槽的材質不同，在工作台和收整方式上也會有差異。
了解金屬沖壓製成、與手工板金製成的水槽有何不同[9]。

水槽的材質

現在的廚房水槽以不鏽鋼製為主。各家專門製作水槽的廠商有各種尺寸和形狀的產品可供選擇【圖2】，因此大多會採用既製品。此外，也有施以塘瓷和氟鍍膜的上色產品等，可選擇的種類很多。筆者在設計時，為了放置海綿和洗潔劑，常會使用特別訂製的附側掛網架的產品。

除了不鏽鋼外，可以用在水槽上的素材還有充滿往日情懷的金屬搪瓷（琺瑯）。閃亮的質感和顏色變化相當有魅力，但國產品很少，大多是進口產品。其他也有壓克力製、色彩豐富的水槽。最近，因為人工大理石水槽可以和台面無縫接合，讓水槽變得容易清理，因此也相當受歡迎。不過，水槽是廚房中最易弄傷的部分，對於剛推出不久的新產品，也要注意長時間使用後，是否會因刮傷產生黑痕等問題。

雖然最近幾乎看不到了，但也有以現場磨製人造大理石（terrazzo）製作水槽的手法。

水槽的大小和收整方式

以水槽整合到台面的方法來區分，可將水槽分為覆蓋式安裝水槽、掛置式安裝水槽、一體成形（無縫密接式）水槽等三類，會依台面材質不同分別使用【表、圖1】。

最近，愈來愈多的家庭使用洗烘碗機，因此可採用尺寸較過去小的水槽。以寬700~800mm，縱深400~440mm、高度190~200mm為標準設計就可以了。此外，截水板、砧板等附屬品的配置及使用方法等，也不要忘了檢討。

譯注：
9. 沖壓水槽是以機器軋製而成，適合大量生產，但無法做太細緻的圓角；板金水槽是以手工熔接方式製作，可做出精細的造型。

表｜不同材料的台面、水槽安裝方式

		台面材料						
		不鏽鋼	人工大理石	美耐板	天然石	木材	磁磚	人造大理石
水槽的材料	不鏽鋼	S	U	O/(U)	O/(U)	O/(U)	O	
	人工大理石	U/O	S					
	金屬搪瓷	O	O	O	O	O	O	
	壓克力	U/O	U/O	U/O	U/O	O/(U)		
	人造大理石							S
	陶器	O	O	O	O	O	O	

※（O）掛置式、（U）覆蓋式、（S）無縫密接式
※ 即使理論上可成立，但搭配起來毫無意義的組合以／表示
※（ ）是指必須做特殊加工或處理

無縫密接式水槽（S）

覆蓋式水槽（U）

掛置式水槽（O）

圖1｜覆蓋式和掛置式的收整方式

覆蓋式水槽的收整方式 1

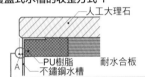

人工大理石
PU樹脂　耐水合板
不鏽鋼水槽
A

> 廠商設定的凸緣尺寸（A）是6mm，但6mm的段差太大會不好清理，也會變成發霉的源頭。建議將此處的段差縮小，以零段差最理想。要求廠商在水槽、頂板兩邊的開孔精度上下工夫。若是多層沖壓製成的水槽，為了容易裝設置瀝水架等配件，更要做到零段差的平面收整。

掛置式水槽的收整方式

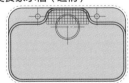

矽利康封邊　　　不鏽鋼水槽
工作台
安裝固定五金

覆蓋式水槽的收整方式 2

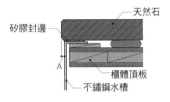

矽膠封邊
天然石
櫃體頂板
不鏽鋼水槽
A

不鏽鋼頂板的收整方式

做成不會太銳利的倒角
不鏽鋼工作台64
熔接部分
不鏽鋼水槽61.5

為了讓水槽看來俐落，倒角做最小尺寸，並做高精度熔接

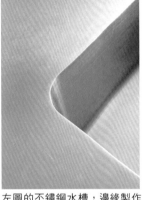

左圖的不鏽鋼水槽，邊緣製作最小倒角。

設計・攝影：STUDIO KAZ

圖2｜水槽的機能和形狀

美食家水槽（通稱）

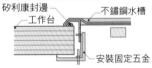

通稱美食家水槽，水槽後端中央向外凸出。既可搭配使用清潔劑的放置架，利用凸出部分清洗中式炒鍋也相當方便。

附台座的水槽

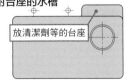

放清潔劑等的台座

不設放置網架，而是附加了有高低段差的放置台。也有為防止清潔劑倒下而在放置台加上橫桿的型式。

附放置網架的水槽

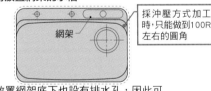

網架

採沖壓方式加工時，只能做到100R左右的圓角

放置網架底下也設有排水孔，因此可以直接清洗網架內部。附有可設置冷熱水混合式水龍頭的平台，可減少工作台因水漬造成的髒汙。

雙槽

以板金加工的水槽，邊緣可做到10~30R的小圓角

排水口尺寸有直徑180和120兩種。直徑180的可再分為深型、淺型、S型

雙槽型目前已經較少見。原本小槽是專供洗過後的餐具靠放瀝水用，近年來隨著洗烘碗機的普及，需求也降低了。

掛置式水槽

水槽組入已開好孔的台面頂板上。適用於木材或美耐板等切口處有滲水疑慮的工作台。

派對用水槽

使用於中島的副水槽或吧台水槽，尺寸大約300×300mm左右。派對時可以放入冰塊冷藏酒和飲料、水果等，使用上很方便。

裝修廚具

103
熱源

POINT

- 不論是瓦斯或 IH 的附烤盤爐台，收整方式都不變。
- 將 IH 調理爐和工作台做成平面，會增加使用的便利性。

統一的收整方式

即使是全部採用裝修廚具的廚房，也幾乎不可能連家電都用訂作的。惟有業務用的瓦斯設備可以特別訂作，但業務用的瓦斯設備與家具、建築及換氣的關係會變得很特殊，必須委託熟悉相關業務的設計者來處理。

廚房中使用的加熱調理機器可分成瓦斯、電氣（電晶爐）、IH 三種【照片】。再來會以有沒有附魚烤盤來分類，有附魚烤盤的調理機器，即使熱源、廠商不同，也幾乎都是採用相同的收整方式【圖1】。要特別注意的是，因為日本規定必須裝設 Si 感知器[10]，目前只有國產廠商有相對應的產品。即使是採用 IH 或電晶爐，附魚烤盤機種的收整方式還是與瓦斯爐台相同【圖2】。至於進口或國產的不附魚烤盤機種，幾乎都是以嵌合方式組入工作台的產品，可以依業主喜好的位置、角度安裝。

關於 IH

最近這幾年，IH 調理爐的需求急速地擴大。拜無凹凸玻璃面板所賜，台面也可以簡單地清理。此外，平坦式的設計非常適合用在開放式廚房，是最大的賣點所在。再加上不必燃燒瓦斯，空調的負荷也得以減少。不會產生污濁的空氣，讓換氣系統的設計方式也跟著改變。不使用明火，更是對安全大有助益。

不過，即使是 IH，錯誤的使用方式還是會釀成火災。不要忘了就法規上來說，IH 是屬於「火」的一種（參照第 204 頁），被要求要與使用火的機器有同樣的換氣量，因此一定要謹慎地計畫。

譯注：
10. Si 感知器，能夠自動偵測防止空燒、過熱，鍋離自動切換小火，大幅提升居家用火的安全性。

照片｜熱源的種類

內建型 IH 調理爐
KZ-T773S
照片提供：Panasonic

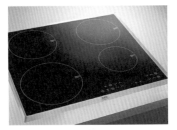

無烤爐型 IH 調理爐
AEG HK634203XB
照片提供：エレクトロラックス　ジャパン

玻璃台面及附內建烤爐的瓦斯爐
DELICIA(デリシア)
照片提供：リンナイ

圖1｜附烤爐瓦斯爐、IH調理爐的共通收整方式

部分詳圖［S＝1：4］

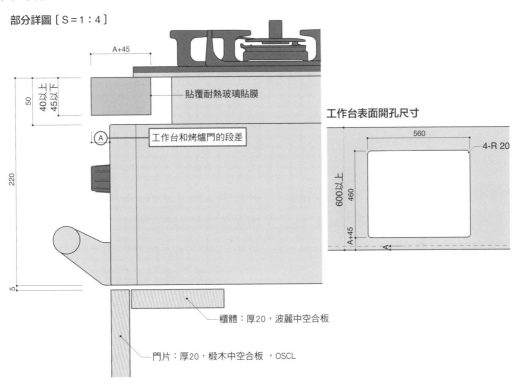

貼覆耐熱玻璃貼膜

工作台和烤爐門的段差

工作台表面開孔尺寸

560

4-R 20

600以上

460

A+45

櫃體：厚20，波麗中空合板

門片：厚20，椴木中空合板 ，OSCL

圖2｜將工作台和IH調理爐做平面收整的細部

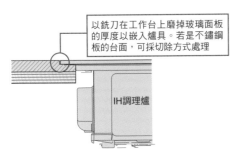

以銑刀在工作台上磨掉玻璃面板的厚度以嵌入爐具。若是不鏽鋼板的台面，可採切除方式處理

IH調理爐

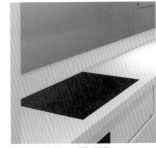

平面收整的 IH 調理爐

把 IH 調理爐放入工作台頂板開孔時，會因玻璃面板的厚度而產生高低差。但如果台面採用的是可加工的人工大理石、或是厚度薄而易於調整的不鏽鋼等材質的話，IH 調理爐就可以與工作台做成平面，大幅提高使用性。

設計：STUDIO KAZ　攝影：山本まりこ

104
排油煙機

POINT

- 選擇排油煙機時要計算必要換氣量。
- 利用既製品改造成美觀的排油煙機。

排油煙機的形狀

　　排油煙機最基本的功能當然就是要能將煙、油、臭味盡可能毫無遺漏地排出室外。但排油煙機本身的存在感很強，設計時必須意識到排油煙機在空間內是如何被看見的。最近，排油煙機的款式有所增加，意識到「如何被看見」的設計變多，因為排油煙機而毀掉空間氣氛的情況也減少了。但仍要注意，廚房的整體印象仍然會受到排油煙機的影響。

　　使用 V=NKQ 的公式便可以計算出排油煙機的必要換氣量【圖1】。這時候，定數 N 會依排油煙機的形狀、大小分為20、30、40。此外，換氣風量並非指吸入的風量，而是要計算通往室外的排氣量，因此通風管的長度和彎折次數、防風雨遮罩等，也都必須納入計算。

訂作排油煙機

　　排油煙機也可以特別訂製原創設計的產品。當遇到天花板高度、或是與橫樑的位置關係等因素，導致既製品無法滿足需求時，訂作排油煙機會是有效的因應做法。

　　如果是從本體開始打造的全訂作產品，在顏色、完成面處理、材質、形狀、照明等方面的自由度固然會相當高，但價格也同樣會變得非常昂貴。此時也可以考慮利用既製品改造的方式【圖2】。一個方法是跟建築或家具上將既製品包覆起來一樣，將排油煙機直接用材料包覆起來。但必須注意，廚房內使用的包覆材一定要是不燃規格的才行。

　　此外，也可以透過變更既製品的尺寸和收整方法進行改造。只需要增加少許成本就可以將廚房的整體設計統一起來，讓業主的滿意度提高。不過，要做這些變更還是會有廠商的限制存在，務必與廠商窗口討論確認。

圖1│計算用火室所需必要換氣量的計算公式

必要換氣量（V）＝定數（N）×理論廢氣量（K）×燃料消費量或發熱量（Q）

在日本，廚房等使用火的調理空間的必要換氣量，按規定須符合上面的公式要求
（依據日本《建築基準法施行令》第20條之3第2項／昭和45年建設省告示第1826號）
V：必要換氣量（m³/h）　N：依換氣設備參考下圖選擇　K：理論廢氣量（m³/kWhm³/kg）
Q：瓦斯器具的燃料消費量（m³/hkg/h）或發熱量（kW/h）

定數（N）

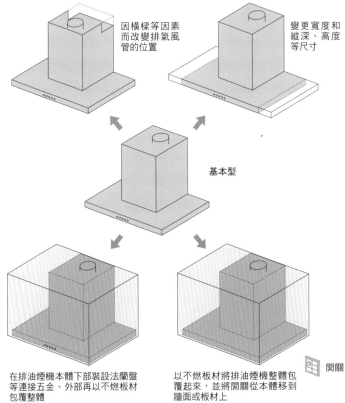

	定數：40	定數：30
	無排油煙裝置	排油煙機Ⅰ型
	不使用排油煙機的廚房或使用開放型燃燒器具的房間	排油煙機風扇屬於這種類別

定數：20
排油煙機Ⅱ型
右圖尺寸的排油煙機屬於此類別

理論廢氣量（K）

燃料的種類	理論廢氣量
天然氣12A	
天然氣13A	
天然氣5C	0.93m³/kWh
天然氣6B	
丁烷	
LP瓦斯（液化石油氣主體）	0.93m³/kWh（12.9m³/kg）
煤油	12.1m³/kg

瓦斯器具和發熱量（Q）（參考值）

瓦斯器具		發熱量
天然氣13A	單口爐	4.65kW
	雙口爐	7.32kW
	三口爐	8.95kW
液化石油氣瓦斯	單口爐	4.20kW
	雙口爐	6.88kW
	三口爐	8.05kW

圖2│利用既製品修改設計

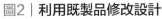

因橫樑等因素而改變排氣風管的位置

變更寬度和縱深、高度等尺寸

基本型

在排油煙機本體下部裝設法蘭盤等連接五金、外部再以不燃板材包覆整體

以不燃板材將排油煙機整體包覆起來，並將開關從本體移到牆面或板材上

開關

配合廚房的高度與縱深、設計得像吊櫃般的排油煙機。開關設置在別處。

上方照片中訂作排油煙機的開關。以不明顯的方式埋設在頂板下、牆壁邊緣的固定板上。

設計・攝影：STUDIO KAZ

1
2
3
4
5
6

裝修廚具

105
廚房的機器設備

- 水槽的下方豎立著許多配管。
- 加熱機器周邊必須規劃散熱措施。

緊迫的水槽下方空間

廚房中會導入各式各樣的裝置（機器設備），從單純只是放置、到內建入家具中的機器，種類就有好幾種。這些機器要依使用方式、調理順序、作業動線、大小、給排水、瓦斯、電氣等條件加以計畫。

特別是在水槽周邊，和設備相關的機器很多，比如說混合式水龍頭（冷熱給水）、淨水器（給水）、水槽（排水）、洗烘碗機（進口產品會聯結給排水及電氣）、廚餘處理機（排水、電氣）等的配管類；以及需要放置設備相關的機器本體（如淨水器的濾心、水槽彎管、廚餘處理機本體、分解槽等）【圖1】。再者，水槽下會有刀架、砧板置放區、甚至是收納垃圾桶的抽屜等，這些都需要在設計階段就縝密地計畫和正確的施工。

別忘了散熱問題

使用內建烤爐時會產生相當多的熱能。因此，即使廠商的裝設說明書中沒有寫，內建烤爐的兩側最好還是要用厚度9mm以上的不燃材料包覆起來【圖2】。另外，也要考慮到機器使用5年、10年後可能需要替換的狀況。再者，使用放置型的烤箱或微波爐、烤麵包機時，務必參照說明書、確保與周邊保持適當的間隔距離。因為這也是會造成故障的原因之一【圖3】。

最近流行的蒸氣烤爐會產生蒸氣，這種情形也要注意。建議在櫃體上部貼覆不鏽鋼板等材料，避免因蒸氣損壞櫃體。電子鍋也是一樣，市面上有販售適用於電子鍋的蒸氣排出裝置，可以依預算和設計、使用習慣等再決定是否採用（參照第209頁）。另外，電冰箱和酒櫃等機器也要注意散熱問題。

圖1│水槽下的設備機器

使用進口洗碗機的標準水槽下方平面圖

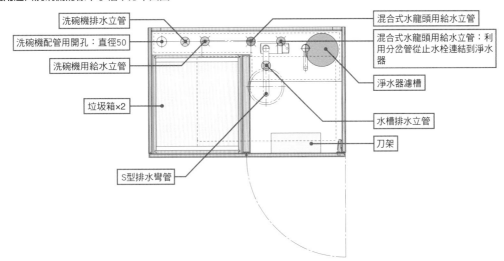

- 洗碗機排水立管
- 洗碗機配管用開孔：直徑50
- 洗碗機用給水立管
- 垃圾箱×2
- S型排水彎管
- 混合式水龍頭用給水立管
- 混合式水龍頭用給水立管：利用分岔管從止水栓連結到淨水器
- 淨水器濾槽
- 水槽排水立管
- 刀架

使用進口洗碗機、廚餘處理機、滲透型淨水器的水槽下方平面圖

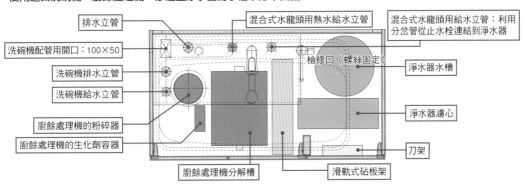

- 排水立管
- 洗碗機配管用開口：100×50
- 洗碗機排水立管
- 洗碗機給水立管
- 廚餘處理機的粉碎器
- 廚餘處理機的生化劑容器
- 廚餘處理機分解槽
- 混合式水龍頭用熱水給水立管
- 混合式水龍頭用給水立管：利用分岔管從止水栓連結到淨水器
- 檢修口（螺絲固定）
- 淨水器水槽
- 淨水器濾心
- 刀架
- 滑軌式砧板架

圖2│內建烤爐的防燃措施

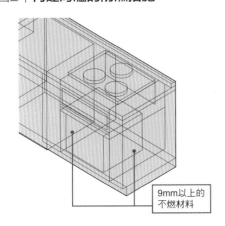

- 9mm以上的不燃材料

內建烤爐會產生大量的熱能。即使說明書中沒有特別指示，仍要留意在機器側邊要以不燃材料裝修。

圖3│放置型微波爐的適當間隔距離

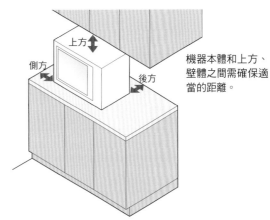

- 上方
- 側方
- 後方

機器本體和上方、壁體之間需確保適當的距離。

※適當距離會隨機種和廠牌、設置條件等而不同，務必以說明書做確認

106
設備配管的指示

POINT

- 設備配置圖的尺寸需依每個工種分別標示。
- 除了圖面指示之外，施工前也要再次確認。

廚房用的設備配管圖

除了建築物全體的給排水設備圖、電氣配線圖之外，建議也畫一張廚房專用的設備配管圖【圖、表】。例如廚房中有許多設備和家電產品，因此櫃體內需要配置多個插座，其中許多的進口機器或 IH 調理爐使用的電壓是 200V，必須安裝特殊形狀的插頭，或有些機種不使用插頭而是直接接線等。此外，許多廚房家電製品的耗電量較大，必須設置專用迴路等，也要在設備配管圖中詳細指示。

進口品和日本國產品的洗烘碗機在排水和電氣接線位置也會不同。原則上，進口品是在鄰接的櫃體內配管；而日本國產的洗烘碗機則是在機器本體的下部空間伸手進去接管。不管是進口品或國產品，對於安裝的高度都有限制。在瓦斯爐下方設置烤爐時，也是在本體下部的空間連接電氣線路。廚房裡要求特殊接管的機種很多，最好在設計階段就取得施工說明書確認清楚。

水槽櫃體內的配管

水槽下方的櫃體中會有很多設備管線（參照第 230 頁），這些管線都必須高精度地配管，因此詳細尺寸圖不可或缺。再者，水槽下不單只有配管，還會放置淨水器和垃圾桶、廚餘處理器、抽屜、刀架等，其中有許多是誤差達 30mm 就無法安裝的部件。因此在裝修的過程中，有關配管位置的詳細尺寸圖、現場的討論、監造等都相當重要。

圖｜設備圖的繪製方法

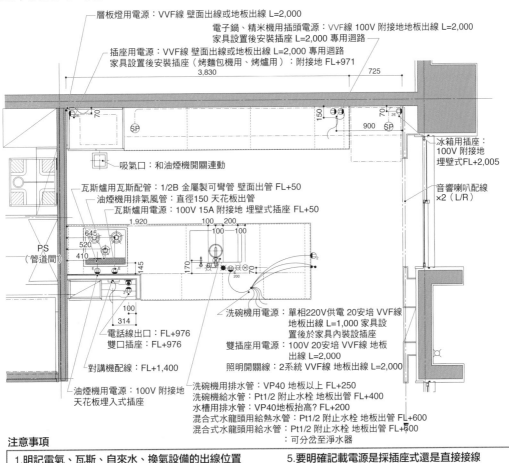

層板燈用電源：VVF線 壁面出線或地板出線 L=2,000

電子鍋、精米機用插頭電源：VVF線 100V 附接地地板出線 L=2,000
家具設置後安裝插座 L=2,000 專用迴路

插座用電源：VVF線 壁面出線或地板出線 L=2,000 專用迴路
家具設置後安裝插座（烤麵包機用、烤爐用）：附接地 FL+971

3,830　　　　725

冰箱用插座：
100V 附接地
埋壁式FL+2,005

音響喇叭配線
×2（L/R）

吸氣口：和油煙機開關連動

瓦斯爐用瓦斯配管：1/2B 金屬製可彎管 壁面出管 FL+50
油煙機用排氣風管：直徑150 天花板出管
瓦斯爐用電源：100V 15A 附接地 埋壁式插座 FL+50

1,920　　100　200
100—100

645
520
410
145
170
200
70

PS
（管道間）

100
314

電話線出口：FL+976
雙口插座：FL+976

對講機配線：FL+1,400

油煙機用電源：100V 附接地
天花板埋入式插座

洗碗機用電源：單相220V供電 20安培 VVF線
地板出線 L=1,000 家具設
置後設於家具內裝設插座

雙插座用電源：100V 20安培 VVF線 地板
出線 L=2,000

照明開關線：2系統 VVF線 地板出線 L=2,000

洗碗機用排水管：VP40 地板以上 FL+250
洗碗機給水管：Pt1/2 附止水栓 地板出管 FL+400
水槽用排水管：VP40地板抬高? FL+200
混合式水龍頭用給熱水管：Pt1/2 附止水栓 地板出管 FL+600
混合式水龍頭用給水管：Pt1/2 附止水栓 地板出管 FL+600
：可分岔至淨水器

注意事項

1.明記電氣、瓦斯、自來水、換氣設備的出線位置	5.要明確記載電源是採插座式還是直接接線
2.是地面立管還是壁面出管？明確記載地面立管的尺寸	6.對講機等設備位置
3.自來水、瓦斯、換氣設備的管線直徑	7.其他如音響等設備的配線路徑
4.電氣容量、附接地？專用迴路？	8.依每個業種注記尺寸，會使圖面容易理解

表｜設備記號的讀法、指示方法

電氣工事	∿	VVF線。要指示從哪出線，必須留多長	水道工事	⋈	給水管。要指示口徑、止水栓、立管位置（地板還是壁面）等
	⊖ₙ	一般插座。n表示口數。要指示是埋入式、露出式、或是需要旋轉等		⊗	給熱水管。要指示口徑、止水栓、立管位置（地板還是壁面）等
	⊖E	附接地的插座		⊗	排水管。要指示口徑、立管位置（地板還是壁面）等
	⊖E₂₀₀	附接地200V插座。要指示使用單相還是三相插座、端子形狀如何等	空調工事	⊕	排氣風管。要指示口徑、出管位置（天花板還是壁面）
	•	開關。要指示開關種類	瓦斯工事	○┼	瓦斯開關。要指示出管位置（天花板還是壁面）
	⊙	電話線出口			
	⊙	電視線出口。要指示是一般電視、CS、BS、CATV等	其他	Ⓢᴾ	音響喇叭配線
	▢	網路線		Ⓡ	熱水器遙控器
	⊙ᴛᵥ	對講機（附螢幕）			

107
利用家具隱藏配管

POINT

計畫排水管時要考量排水斜度。

若樓板下沒有餘裕，就要利用底部退縮板空間。

確認配管的路徑

廚房中會設置很多設備配管，而且這些管線都是不可或缺的【圖、照片】。

其中最容易發生問題的就是排水管。獨棟建築可以在地板下方配管後，再於適當位置處拉出來接管；但重新裝修的公寓，就可能因為沒有足夠的地板下空間、或者從公共管路接管出來的位置太高，而無法在地板下配管的情形。

幸好，只要是不做踢腳板的廚具，都會裝設底座退縮板，使得櫃體和地板間會留下一些可利用的空間。雖然還是要考量配管的距離和高度，但設計者利用底座退縮板內的空間進行配管是相當常見的。因此，在一開始設計時就必須先考量底座退縮板的製作方法，或者是利用調整腳的方式來因應也是可行的。

隱藏管道間

如果是公寓大樓的場合，在廚房附近一定會設有管道間（PS）。若一開始時忽略了管道間的設計，往後很有可能會因此產生問題。管道間都有檢修口可以確認配管的位置，除非工期有餘裕可以將原有的管道間整個解體重新規劃，否則都應該在不改變管道間大小的情況下進行設計。

做成開放式廚房時，管道間常會變成開放式廚房設計上的累贅。這時，可利用家具板材將管道間包覆起來、讓管道間從外觀上看不出來。但在原本做為檢修口的地方，為了清理管道間和定期檢修，千萬不可以遮蓋掉了，因此在設計上得多下工夫才行。再者，將管道間設置在大樓的垂直通風管內時，常會以空心磚圍繞，如果外側要貼覆家具板材，也必須注意底材是否合適。

圖│大樓的廚房翻修

平面圖〔S＝1：70〕

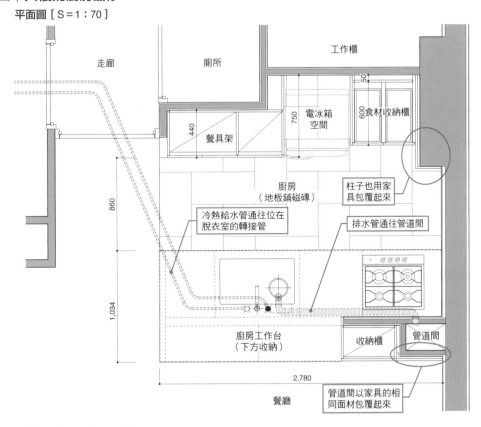

走廊
廁所
工作櫃
電冰箱空間
食材收納櫃
50
600
餐具架
440
750
柱子也用家具包覆起來
廚房（地板鋪磁磚）
冷熱給水管通往位在脫衣室的轉接管
排水管通往管道間
860
1,034
廚房工作台（下方收納）
收納櫃
管道間
2,780
餐廳
管道間以家具的相同面材包覆起來

照片│大樓的廚房翻修

內嵌式下照燈
原本的天花板：更新壁紙
平時使用的餐具
AEG的蒸氣烤爐，下方為酒櫃，上方為食材收納櫃
和原本的門扇使用相同的顏色和材質
這是管道間
Miele牌冰箱
魔術鏡門片內為對講機，不使用時不會被看到
微波爐收納下翻式＋滑軌層板
客用餐具收納櫃
家具用插座

管道間使用與家具相同的完成面材包覆，讓管道間看來如同收納櫃的一部分而不會顯得突兀。

設計：STUDIO KAZ　攝影：山本まりこ

1
2
3
4
5
6

裝修廚具

108
利用家具隱藏樑柱

- 讓柱子看來像高收納櫃。
- 將橫樑的凸出處納入計畫、積極利用。

隱藏柱子

在空間的構成上，樑柱是不可或缺的；但就設計上來說，樑柱卻經常變成妨礙。

這時，如果能像管道間的處理手法那樣，利用家具將樑柱包覆起來（參照第234頁），就能讓樑柱的外觀看起來就像一個高收納櫃，與家具產生一體感。

在牆面貼上板材時，通常會使用接著劑黏貼，但只靠接著劑還是會有翹曲的問題，所以也要並用螺絲等方式固定。例如，貼上的板材也配合門片的分割位置做出分割縫，並在分割縫位置上用無頭釘固定好、或者以嵌合方式接續板材。甚至，在地板和天花板處也配合踢腳板的高度做10mm以上的分割縫，同樣以嵌合方式或無頭釘固定好。使用的板材厚度建議要在18mm以上。

隱藏橫樑

幾乎所有的公寓大樓裡，室內都會有橫樑凸出的情形。而廚房中，壁面收納櫃又經常會延伸到天花板，因此會受到橫樑的影響。此時可配合橫樑的高度分割收納櫃、改變櫃體的縱深，同時在前面只做單片門片，如此一來，就能消減橫樑的存在感。不過，這在系統廚具上很難實現，是只有裝修廚具才能達成的製作方式。

假使不做成收納櫃，就要積極利用橫樑的形狀。這裡介紹兩個例子。一個是把橫樑視為貼覆不同材料的分界線【照片1】。例如將廚房正面壁面的磁磚或廚房板材一路貼到橫樑下方的位置，橫樑以上的部分就使用和客餐廳相同的完成面材裝修。另一個方法是利用橫樑的形狀設置間接照明【照片2】，讓橫樑既是廚房整體的間接照明，同時也兼做廚房裡可隨手開關的手邊燈。不論採用以上哪個方式處理，都要保持廚房與客餐廳間的連續性【圖】。

圖｜利用橫樑的例子

依橫樑調整吊櫃的縱深，並使正面齊平

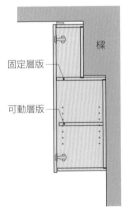

在橫樑的高度位置上設固定櫃，櫃體分成上下段且縱深不同。再將櫃體正面做成單片門片，就可以完全消除橫樑的存在感。

利用橫樑的凹角變換裝修的材料

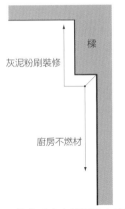

一般廚房會在壁面貼上廚房板材或磁磚。在樑的凹角處變換裝修材料，就不必使用轉接材，可以清爽的收整（照片1）。

利用橫樑做間接照明

以板材包覆橫樑，組入無縫螢光燈管後，可變身成壁面照明。光線會在些微凹凸的壁面上產生陰影，形成表情豐富的牆壁。透過壁面的反射，空間會出乎意料地明亮（照片2）。

照片1｜以橫樑變換裝修材料的例子

將灰泥壁面與廚房板材的顏色和光澤整合起來，並在橫樑的凹角處變換裝修材料，讓人幾乎不出材料的不同。整體的感覺很順暢，完全不會有廚房板材很廉價的感覺。

照片2｜例用橫樑設置間接照明的例子

將間接照明從客廳到廚房連成一直線，形成空間的連續感，進而強調了長度，空間感覺會比實際更長（寬廣）。

設計：STUDIO KAZ　攝影：山本まりこ

109
開放式廚房的做法

POINT
- 開放式廚房被從外部眺望的時間較長。
- 用牆壁或家具包圍加熱機器，防止油煙漏出。

意識到視線的細節設計

最近的住宅廚房設計，幾乎都變成了對著客廳、餐廳敞開的開放式廚房。過去在隔開的空間中以牆壁圍成的廚房，一變為從哪裡都能一覽無遺的狀態。

這對廚房來說著實是一件大事，因為所有的完成面都必須好好處理。從過去偏重機能性的設計，變成了要同時意識到機能＋視線的設計。特別是採取島式的廚房，在餐廳側究竟是要做成收納櫃、還是吧台呢？廚具櫃體的端部要使用蓋板、還是將門片和側板統一都做成斜角？還有底座退縮板的高度如何設定等，設計時都必須意識到廚房被人們從外部眺望的樣子。當然，做為廚房該有的機能性依然不可草率，要在設計和機能間取得兩全其美的做法才行【照片 1 ~ 4 】。

此外，也必須重視廚房與其他空間的調合。不只是在地板・牆面・天花板處的連結，還包括門扇的材質和顏色、完成面處理、門框的做法、踢腳板的高度等，必須整合的要素又多又雜。若遇到只是重新改裝廚房的情況，要將廚房和其他空間原有的裝潢做調合就更加困難了。由此可知，不能把廚具視為單獨的家具來思考，而是必須與地板、牆面、天花板的裝修材及照明計畫等，一併做綜合檢討。

油煙防漏措施

開放式廚房的最大問題在於油煙和臭味。僅靠排油煙機並無法解決，一定會擴散到其他空間。而且比起瓦斯爐，IH 調理爐在這個問題上會更為明顯。減輕油煙問題的因應策略，可利用家具築起如「牆面」般的方式將爐具包圍起來的手法。

照片1 | 更換開放式廚房的地板

廚房部分重新裝修的例子。搭配原有的地板、調和地板磁磚及廚房的完成面材。

照片2 | 帶有穩重感的開放式廚房

在餐廳側設置台面，廚具兩側的邊板往下延伸到地板，給人沉靜的感覺。完成面材和地板使用相同的顏色，讓餐廳和客廳更加融合為一。

照片3 | 不使用邊板、具輕快感的廚房

不設邊板，將側板和門片接合處以斜角方式收整。利用底座退縮板圍繞廚具下方、完成面材和牆壁使用相同的顏色，產生輕快的感覺。

照片4 | 使用邊板，變更底座退縮板高度的廚房

將邊板延伸到地板上的例子。以邊板取代餐廳和廚房側不同高度的底座退縮板，讓廚具形成一致感。

設計：STUDIO KAZ　攝影：STUDIO KAZ（照片1）、山本まりこ（照片2〜4）

110
廚房配件

POINT

— 使用既製品的廚房配件可節省成本。
— 透過型錄充分檢討廚房配件的收整方式。

只能系統廚具專用嗎？

系統廚具是由各種廚房配件所構成的。常見的簡單配件如刀架、餐具分類盤、香料架、食材儲放櫃。以及適用於死角空間的角落收納配件，如掛軌、內建式米箱等。這些配件不論在材質、完成面處理和活動方式上都考量得很周到。實際上，其中大多數的配件都並不是系統廚具廠商的原創，而是向生產的家具五金廠商購入搭配使用的東西【照片】。這些五金廠商多半也會販賣門片鉸鏈和撐桿等各式家具五金（參照第104頁），產品相當多，所以在收集五金商品情報的同時，最好也一併將公司資訊記下來。

雖然商品的尺寸和收整方法多半已標示在型錄中，但還是要盡可能透過實物確認尺寸、收整和活動方式。這樣才能具體確認清楚廚具與周邊壁面、框架、櫃體的相互關係。

廚房配件的盲點

這些廚房配件的優點在於機能佳且價格便宜，相當方便又好用。不過也有必須注意的地方。廚房配件基本上是以系統廚具的規格構成，要組入配件的櫃體尺寸很容易就會變得和系統廚具一樣。明明是特別製作的裝修廚房，卻受到系統廚具規格的擺佈，實在是很可惜。如果連外觀也長得像系統廚具，就大大失去了做廚房裝修的意義。為了避免這樣的情形發生，設計時不只要了解配件的種類和尺寸，更重要的是要熟悉收整和活動方式，這樣才能更進一步思考如何利用廚房配件來符合設計需求。

圖｜廚房配件型錄的閱讀方法

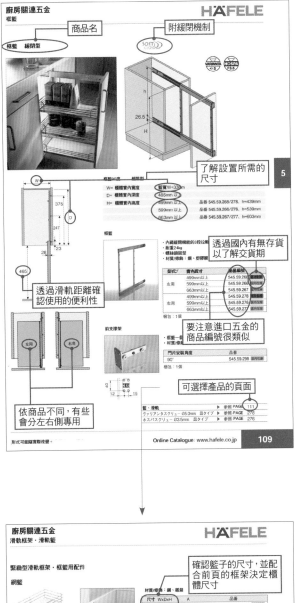

了解設置所需的尺寸

透過滑軌距離確認使用的便利性

透過國內有無存貨以了解交貨期

依商品不同，有些會分左右側專用

要注意進口五金的商品編號很類似

可選擇產品的頁面

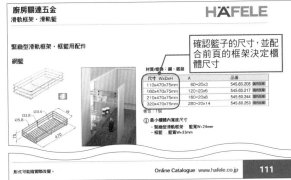

確認籃子的尺寸，並配合前頁的框架決定櫃體尺寸

型錄提供：ハーフェレ

照片｜透過訂作取得的配件

安裝在門片背面的置物架。適合放置香料類。

可在壁面吊掛各種物品的配件。在基本的軌道上可搭配多種配件使用。

在容易變成死角的空間也能有效使用的配件。相較於常見的迴轉型，可讓死角更少。

上滑型門片撐桿。對於需要打開門片使用的機器非常方便。必須注意開啟時門片會向身體側凸出的門片尺寸。

照片提供：エクレアパーツ（照片①②）、Häfele（照片③④）

1
2
3
4
5
6

裝修廚具

241

詞彙翻譯對照表

中文	日文	英文	頁碼
英文			
CAD（電腦補助設計）	CAD	computer aided design	20, 104, 144, 163
CG 圖（電腦繪圖）	CG	computer graphic	20
DAP 貼片	DAP シート	DAP sheet	23, 25, 79, 146, 147
DI-NOC 貼膜	ダイノックシート	DI-NOC Film	20
EP 塗料（環氧樹脂塗料）	エマルションペイント（EP）	emulsion paint	52, 155
IH 調理爐	IH クッキンヒーター	Induction cooking	15, 24, 41, 200, 204, 205, 216, 226, 227, 232, 238
LED	LED	light-emitting diode	128, 129, 130, 150, 151, 154, 155, 160, 173, 180, 190, 191, 214, 215, 237
NC 銑台	NC ルーター		56, 57
PC（聚碳酸酯）	ポリカーボネート	polycarbonate	32, 33, 82, 83
PU 塗料	ポリウレタン	polyurethane	52, 65, 66, 67, 70, 77, 100, 163, 179, 185, 189
PVC	塩ビシート	poly vinyl chloride	32, 33, 64, 79, 96, 98
Si 感知器	Si センサー	Si sensor	205, 226
Trough	トラフ	Trough	126
UV 塗裝	UV 塗裝	ultra violet rays paint	65, 66, 67, 100
二劃			
乙烯布	オレフィンシート	polyolefin sheet	32, 33, 35, 73
人造大板	エンジニアリング無垢		74
人造大理石	テラゾー	terrazzo	92, 224
三劃			
上方懸掛式五金	上吊り式金物		112
上掀式門片	フラップアップ	flap up	107
上滑式門片	スイングアップ	swing up	107
下承重式五金	下荷重式金物		112, 113
下照燈	ダウンライト	down light	128, 129, 151, 180, 181, 214, 215, 235
下翻式門片	フラップダウン	flap down	106, 107, 235
大理石	大理石	marble	32, 33, 90, 91, 92, 93, 163, 219, 222
大漆	漆		67, 100, 101
小儲物間	押入れ		170, 171
山毛櫸欅	ブナ	Japanease beech	37
山紋	板目	cathedral grain	18, 34, 75, 76, 77
工作台	ワークトップ	worktop	19, 41, 117, 214, 216, 217, 218, 219, 220, 222, 223, 224, 225, 226, 227, 235
四劃			
不鏽鋼	ステンレス	stainless steel	32, 33, 34, 35, 36, 38, 75, 84, 85, 86, 87, 88, 98, 105, 114, 120, 123, 129, 155, 156, 157, 169, 179, 184, 186, 187, 189, 196, 201, 207, 211, 218, 219, 220, 222, 223, 224, 225, 227, 230
中空合板	フラッシュパネル	flush panel	22, 42, 43, 52, 57, 72, 73, 78, 102, 147, 172, 177, 181, 227
中密度纖維板（MDF）	MDF	medium density fiberboard	37, 66, 72, 73,
內建式烤爐	ビルトインオーブン	built-in oven	200, 217, 227, 230, 232
分割縫	目地	masonry joint	18, 23, 94, 98, 120, 133, 137, 148, 149, 216, 217, 219, 236
切口	小口	cut end	21, 35, 45, 46, 50, 51, 57, 73, 78, 79, 80, 81, 82, 87, 106, 117, 138, 139, 142, 146, 147, 148, 162, 179, 198, 221, 223, 225
切口貼皮機	小口張り機		56, 57
升降式作業台	昇降式作業台		57
天花板退縮板	支輪		44, 137, 148
天然石	天然石	stone	35, 36, 90, 91, 92, 93, 162, 184, 186, 218, 219, 220, 221, 222, 223, 225
巴西花梨木	ブビンガ	Bubing	37
心材	心材	duramen	42, 43, 50, 73, 75, 76, 115, 147
心材同色美耐板	コア材		78, 79, 117, 143, 146, 147, 167, 223
手孔	手掛け		20, 22, 25, 111, 120, 121, 136, 137, 141, 142, 143, 148, 149, 153, 167, 173, 181, 198
支撐架	ブラケット	bracket	102, 116, 170, 194
日本紙	和紙	washi	96, 98, 99
木工工事	大工工事		42, 43, 44, 45, 50, 51, 52, 53, 54, 55, 58, 60, 61, 62, 63, 72, 73, 105, 114, 136, 138, 139, 160, 164, 168, 170, 171, 180, 196, 197, 223
木工家具	造り付け家具		12

木心版	練芯合板		72, 73
木薄片	厚突き		76, 147
木軌	摺り桟	drawer guide	110, 111
木榫接合	ダボ接合		138, 139
木貼皮	突板	sliced veneer	20, 22, 34, 38, 43, 44, 46, 50, 51, 73, 76, 77, 100, 116, 139, 143, 146, 189
木質核心板	ランバーコア合板	limber core board	50, 52, 72, 73, 164, 168, 170, 192
木質纖維板	パーティクルボード	particle board	37
水平摺疊門	水平折戸		107
水成岩（層積岩）	水成岩	aqueous rock	32, 90, 91
水沖面	水磨き		32, 69, 90, 91
火成岩	火成岩	Igneous rock	32, 90, 91
五劃			
加壓機	プレス機	press machines	45, 56, 57
可延伸桌	エクステンションテーブル	extension table	194, 195
平角	平摺り		81
平板玻璃	フロート板ガラス	float glass	80, 81
平面圖	プラン図	plan	14, 15, 18, 19, 20, 23, 55, 60, 63, 113, 155, 159, 161, 167, 169, 171, 177, 179, 187, 193, 195, 197, 235,
平開門	開き戸		106, 107, 140, 141, 149
玄關台階	上がり框		156
玄關收納	玄関収納		31, 41, 130, 154, 155, 156, 157, 180, 181
瓦斯爐	ガスコンロ	gas stove	176, 204, 205, 213, 216, 226, 227, 232, 233, 238
用水區域	水廻り		32, 33, 34, 90, 137, 176, 200
甲基丙烯酸樹脂	メタクリル樹脂	methacrylate resin	92
白木	ホワイトウッド	white wood	37
白樺	ホワイトバーチ	white birch	37
白橡	ホワイトオーク	white oak	37
白蠟木	ホワイトアッシュ	white ash	37
皮耶・江奈瑞	ピエール・ジャンヌレ	Pierre Jeanneret	97
石灰石	ライムストーン	limestone	33, 90, 91
石英系人造大理石	クオーツ系人造大理石		32, 35, 92, 93, 219, 220, 221
石膏板	プラスターボード	plasterboard	116, 192, 221
立面展開圖	展開図		19, 155, 161, 167, 171, 177, 179, 181, 183, 185, 193, 197
六劃			
交丁貼法	ウマ張り		95
光面	本磨き	polishing finish	32, 90, 91, 162, 223
光澤	つや	gloss	27, 34, 38, 48, 49, 51, 54, 62, 64, 65, 66, 67, 68, 69, 88, 90, 91, 126, 172
全覆蓋塗裝	塗りつぶし塗装		50, 51, 52, 64, 65, 69, 72, 73, 101, 138, 139, 143, 162, 167
合成皮革	合成皮革	artificial leather	96
合花貼法	ブックマッチ	book match	76, 77
安山岩	安山岩	Andesite	32, 91
安蘭樹	カリン		37
扣鎖	キャッチ	catch lock	105
收整	納まり		15, 16, 18, 23, 25, 26, 27, 35, 36, 44, 46, 48, 49, 50, 51, 54, 63, 73, 104, 106, 111, 112, 113, 115, 117, 119, 121, 122, 123, 124, 128, 129, 133, 136, 137, 138, 139, 140, 142, 143, 144, 145, 146, 149, 152, 153, 156, 157, 161, 162, 166, 167, 173, 184, 187, 194, 200, 201, 203, 204, 208, 216, 217, 219, 221, 223, 224, 225, 226, 227, 228, 236, 237, 238, 239, 240
灰泥壁面	左官壁		181
竹節鋼筋	異型鉄筋	deformed bar	161, 182, 183
肋板	リブ	rib	102, 179
自然面	割肌		90, 91
自然縫	チリ		25, 73, 137, 141, 148, 149
色溫	色温度	color temperature	126, 130
西非黃檀木	ブビンガ	bubinga	37, 189
西德鉸鏈	スライドヒンジ	slide hinge	43, 57, 60, 73, 105, 107, 108, 114, 132, 133, 137, 140, 141, 148, 149, 170

243

洗臉脫衣室	洗面脱衣室		41, 106, 172, 176, 180
玻璃	ガラス	glass	19, 32, 38, 73, 75, 80, 81, 82, 83, 98, 104, 113, 115, 126, 129, 140, 141, 145, 182, 186, 190, 192
砂岩	砂岩	Sandstone	32, 90, 91
砂糖楓	ハードメープル	Hard maple	37
紅橡	レッドオーク	red oak	37
美洲櫻桃木	アメリカンチェリー	Bing cherry	37
美耐板	メラミン化粧板	decorative melamine laminate	24, 32, 33, 35, 36, 37, 38, 43, 73, 78, 79, 93, 95, 117, 143, 146, 147, 165, 167, 176, 177, 184, 185, 195, 218, 219, 221, 223, 225
美桐	ホワイトシカモア	white sycamore	37
美國檜	ベイヒ	Port orford cedar	37
耐震扣	耐震ラッチ		118, 119, 211
訂做家具	オーダー家具		12
十劃			
食材儲放室	ウォークインパントリー	work-in pantry	55, 212, 213, 235
倒角	面取り	chamfer	20, 22, 24, 73, 79, 81, 111, 139, 148, 225
夏洛特‧貝里安	シャルロット・ペリアン	Charlotte Perriand	97
娑羅樹	マンガシロ	Shorea	37
家事作業區	家事コーナー		176
展示櫃	飾り棚	display shelf	104, 160, 191
振紋處理	バイブレーション仕上げ	vibration surface treatment	34, 38, 85, 86, 87, 129, 218, 219
栓木	セン	castor aralia	37
格子貼法	イモ張り		77, 95
桌腳接頭	レッグジョイント	leg joint	105, 122, 123
桌腳框架	脚フレーム		194
病態建築	シックハウス	sick house	86
退縮縫	逃げ		29, 44, 50, 62, 136, 137, 148, 149, 162
酒櫃	ワインラック	wine rack	165, 182, 183, 212, 213, 230, 235
高透明玻璃（超白玻璃）	高透過ガラス	low iron glass	32, 80
高頻加壓機	高周波プレス機		57
十一劃			
停止器	ストッパー	stopper	144
側拉門	引戸	sliding door	55, 75, 105, 106, 112, 113, 129, 133, 144, 145, 148, 149, 161, 168, 171, 180, 181, 191, 193, 213
側滑式門片	スイング扉	swing door	107
側裝型滾珠式滑軌	脇付けベアリング式レール		110, 111, 142
帶狀砂磨機	ベルトサンダー	belt sanders	57
常用規格	歩留まり	first pass yield	36
強化玻璃	強化ガラス	tempered glass	32, 80, 81, 140, 141
排油煙機	レンジフード	range hood	200, 202, 203, 204, 205, 206, 209, 213, 216, 217, 228, 229, 238
掛置式水槽	オーバーシンク	over sink	223, 225
採光天井	ドライエリア	dry area	187
接合五金	ジョイント金物	metal joint trim	73, 138, 139
斜口刨床	手押し鉋		57
斜倒角	斜面取り		81
旋切紋	ロータリー	rotary	76
桉樹	タモ	ash	37
液態玻璃塗料	液体ガラス塗料		70, 100
淨尺寸	有効寸法	usable dimension	15, 18, 23, 62, 110, 111, 133, 154, 156, 166, 167, 170
清玻璃	透明ガラス	clear glass	19, 32, 38, 75, 129, 131, 191
清漆（纖維素硝酸酯塗料）	ニトロセルロースカッラー		67, 68, 100, 170, 176, 185
清漆著色塗裝（OSCL）	クリアラッカー	clear lacquer	52, 170
蛇紋岩	蛇紋岩	serpentinite	32, 33
陳列櫃	什器		13, 41, 81, 127, 128, 190, 191
頂板	天板		24, 33, 35, 43, 79, 95, 96, 117, 119, 123, 124, 125, 127, 137, 145, 146, 147, 148, 162, 166, 167, 172, 176, 177, 179, 180, 181, 191, 194, 195, 196, 200, 201, 207, 219, 221, 223, 225, 227, 229
魚板角	カマボコ摺り		81

國家圖書館出版品預行編目(CIP)資料

家具設計/和田浩一作；陳嘉禾譯. -- 修訂一版. -- 臺北市：易博士文化，城邦文化事業股份有限公司出版：英屬蓋曼群島商家庭傳媒股份有限公司城邦分公司發行，2021.06
　　面；　公分
譯自：世界で一番やさしい家具設計. 補改訂カラー版
ISBN 978-986-480-158-9(平裝)

1.空間設計 2.家具設計

422.34　　　　　　　　　　　　　　　　　　110008599

K. of Living ❶❼

家具設計

原 著 書 名／世界で一番やさしい家具設計. 增補改訂カラー版
原 出 版 社／株式会社エクスナレッジ
作　　　者／和田浩一
譯　　　者／陳嘉禾
選 書 人／蕭麗媛
編　　　輯／林邦由、林荃瑋

業 務 經 理／羅越華
總 編 輯／蕭麗媛
視 覺 總 監／陳栩椿
發 行 人／何飛鵬
出　　　版／易博士文化
　　　　　　城邦文化事業股份有限公司
　　　　　　台北市中山區民生東路二 141 號 8 樓
　　　　　　電話：（02）2500-7008　傳真：（02）2502-7676
　　　　　　E-mail：ct_easybooks@hmg.com.tw
發　　　行／英屬蓋曼群島商家庭傳媒股份有限公司城邦分公司
　　　　　　台北市中山區民生東路二段 141 號 11 樓
　　　　　　書虫客服服務專線：（02）2500-7718、2500-7719
　　　　　　服務時間：周一至周五上午 09:30-12:00；下午 13:30-17:00
　　　　　　24 小時傳真服務：（02）2500-1990、2500-1991
　　　　　　讀者服務信箱：service@readingclub.com.tw
　　　　　　劃撥帳號：19863813
　　　　　　戶名：書虫股份有限公司
香港發行所／城邦（香港）出版集團有限公司
　　　　　　香港灣仔駱克道 193 號東超商業中心 1 樓
　　　　　　電話：（852）2508-6231　傳真：（852）2578-9337
　　　　　　E-mail：hkcite@biznetvigator.com
馬新發行所／城邦（馬新）出版集團 [Cite (M) Sdn. Bhd.]
　　　　　　41, Jalan Radin Anum, Bandar Baru Sri Petaling, 57000 Kuala Lumpur, Malaysia
　　　　　　電話：（603）9057-8822　傳真：（603）9057-6622
　　　　　　E-mail：cite@cite.com.my

美 術 編 輯／羅凱維
封 面 組 成／陳姿秀
製 版 印 刷／卡樂彩色製版印刷有限公司

SEKAI DE ICHIBAN YASASHII KAGU SEKKEI ZOUHO KAITEI COLOR BAN
© COICHI WADA. 2013
Originally published in Japan in 2013 by X-Knowledge Co., Ltd.
Chinese (in complex character only) translation rights arranged with
X-Knowledge Co.,Ltd.

■2016年4月14日 初版（原書名《圖解家具設計》）
■2021年6月17日 修訂一版（更定書名為《家具設計》）
ISBN 978-986-480-158-9

定價800元　HK$267

城邦讀書花園
www.cite.com.tw